"十四五"职业教育江苏省规划教材

高职高专"工作过程导向"新理念教材 计算机系列

C语言程序设计项目化教程（第2版）

屠莉 主编

周建林 刘萍 苏春芳 副主编

清华大学出版社
北京

内容简介

本书根据计算机相关专业岗位能力需求和软件行业编程规范,以工作过程为导向,遵循软件开发流程,构建真实企业研发情境和工作任务。本书紧扣全国计算机等级考试二级C语言程序设计考试大纲,重构程序设计理论知识,寓理论知识于任务实践中,实现教、学、做一体。

基础篇以"学生成绩管理系统"作为教学项目,由易到难,递进式对项目不断重构。将C语言所有相关知识点融入具体任务中。引导读者对一个项目的三个版本进行不断重构,在学习和实践中掌握模块化编程思路,培养程序开发能力。实战篇以"企业员工管理系统"作为实践项目,进一步加深函数、数组、指针、结构体、文件等难点的讲解,以提高读者的专业实践能力和职业素养。

本书贯彻"以学生为主体"的职业教育理念,设计沉浸体验式教学任务和拓展任务,注重分层分类,有机融入工匠精神、专业精神、职业精神、劳动精神等思政元素,从而培养高素质技术技能型人才。

本书配套提供授课课件(PPT)、实训讲义、微课视频、项目实战库、习题库等在线资源,可作为普通高等学校、高职高专院校C语言程序设计课程教材,也可作为全国计算机等级考试二级C语言程序设计考试或广大软件开发人员学习C语言程序设计的指导和参考用书。

本书封面贴有清华大学出版社防伪标签,无标签者不得销售。
版权所有,侵权必究。举报:010-62782989,beiqinquan@tup.tsinghua.edu.cn。

图书在版编目(CIP)数据

C语言程序设计项目化教程/屠莉主编.—2版.—北京:清华大学出版社,2024.5
高职高专"工作过程导向"新理念教材.计算机系列
ISBN 978-7-302-65834-4

Ⅰ.①C… Ⅱ.①屠… Ⅲ.①C语言-程序设计-高等职业教育-教材 Ⅳ.①TP312.8

中国国家版本馆CIP数据核字(2024)第059342号

责任编辑:孟毅新
封面设计:傅瑞学
责任校对:李 梅
责任印制:沈 露

出版发行:清华大学出版社
网　　址:https://www.tup.com.cn,https://www.wqxuetang.com
地　　址:北京清华大学学研大厦A座　　邮　编:100084
社 总 机:010-83470000　　邮　购:010-62786544
投稿与读者服务:010-62776969,c-service@tup.tsinghua.edu.cn
质量反馈:010-62772015,zhiliang@tup.tsinghua.edu.cn
课件下载:https://www.tup.com.cn,010-83470410

印 装 者:三河市君旺印务有限公司
经　　销:全国新华书店
开　　本:185mm×260mm　　印　张:16.75　　字　数:379千字
版　　次:2017年4月第1版　2024年5月第2版　　印　次:2024年5月第1次印刷
定　　价:56.00元

产品编号:101233-01

前　言

C语言程序设计是高职计算机相关专业必开设的一门专业核心课程。课程主要目标是帮助学生掌握基本的编程思想和模块化的编程思路，能够使用C语言进行程序设计和软件开发，培养学生良好的学习习惯和学习兴趣、团队协作精神和自主学习能力，为其后续其他专业课程的学习打下良好的基础。

本书充分贯彻党的二十大精神，落实好立德树人的根本任务，遵循党的二十大报告关于"广泛践行社会主义核心价值观，深化爱国主义、集体主义、社会主义教育，着力培养担当民族复兴大任的时代新人"的要求，强调教育强国、科技强国、人才强国，用社会主义核心价值观铸魂育人。本书通过校企合作开发真实项目和拓展案例，采用项目驱动模式，以"工作过程"为导向，以软件开发流程构建真实企业研发情境和工作任务。本书紧扣全国计算机等级考试二级C语言程序设计考试大纲，将C语言的所有相关知识点融入对应的工作任务中，由易到难，循序渐进设立教学情境，促进课证融通、书证融通，让读者在"做中学，学中做"，逐步掌握C语言程序设计知识和开发技能，以培养学生的程序设计能力、专业实践能力和职业素养，从而培养高素质技术技能型人才。

主要内容

本书分为基础篇和实战篇，引入两个真实项目，共有9章，28个工作任务。每章包含实现所在篇所需的所有逻辑相关的任务。每个任务以"任务描述与分析—相关知识与技能—任务实施—任务拓展"的结构进行设计。每个任务中均包含任务描述与分析、相关知识与技能、任务实施（自然算法、流程图、数据结构、编码算法、具体实现、运行分析）以及拓展训练。在拓展训练中，对一些经典的算法如穷举、迭代、递归等进行分析，并要求学生自行完成，以拓展学生的算法设计能力。本书紧密结合项目化课程教学改革，既满足了对项目整体能力的训练要求，又兼顾了对基础理论和算法的学习要求。

1. 基础篇

基础篇以爱思科技虚拟公司采用C语言开发"学生成绩管理系统"为

主线,遵循软件开发流程,构建项目和教学单元;对接软件开发岗位能力需求,由易到难,递进式对项目的三个版本不断重构,设计沉浸体验式教学任务,注重分层分类,引导读者循序渐进地学习和实践,掌握模块化编程思路,提高程序开发能力。

在教学项目的分解和设计中,将模块化编程的思路贯穿整个项目的构建过程中,培养学生的模块化程序设计思路。先搭建项目骨架,再逐个填充项目模块,完成数组实现的项目版本1;再通过用指针结构体重构的项目版本2,以及用文件继续重构的项目版本3。通过对项目的不断重构,让学生反复学习和理解函数的定义和使用,即模块化的编程思路,同时也可以让学生通过一个项目的三个版本的不断学习和实践,提高应用能力。

第1章:学生成绩管理系统需求分析和设计。本章使读者对课程的能力目标有总体的认识。

第2章:项目的数据定义及运算。本章对系统所使用的数据类型和相关运算,以及相关设计规范进行阐述,引入标识符、数据类型和运算符的概念。

第3章:用户菜单设计。本章进行逐步递进的设计与实现,引入输入/输出、选择和循环控制的概念。

第4章:学生成绩管理。本章实现班级学生成绩的添加、浏览、统计、排序和查询,引入函数的设计和调用、数组的知识,以及相关的排序算法。

第5章:结构体和指针在项目中的应用。本章用结构体重构系统的数据类型,引入结构体和指针的概念。

第6章:文件在项目中的应用。本章用文件实现系统的输入/输出,引入文件的概念。

2. 实战篇

实战篇采用校企双元合作模式,引入"企业员工管理系统"作为真实企业实践项目,帮助学生加深对函数、数组、指针、结构体、文件等难点的理解,进一步拓展并提高读者的专业实践能力和职业素养。

第7章:企业员工管理系统项目需求分析和设计。本章对项目进行需求分析并总体设计。

第8章:企业员工管理系统项目功能开发与实现。本章完成通信录管理、考勤管理、工资管理、交互界面等模块功能。

第9章:项目测试与部署。本章分别对各个模块功能进行测试,并对项目进行安装部署。

本书特色

(1) 校企双元合作,以真实的"工作过程"为导向,构建真实教学情境组织内容;贯彻"以学生为中心"的教育理念,分层分类,设计沉浸体验教学任务,注重教、学、做一体,使学生在做中学、学中做。

(2) 有机融入课程思政元素,将思政精神充分融入项目的每个任务中,培养具备工匠精神、劳动精神、探索精神的高素质技术技能型人才。

① 工匠精神——在程序设计中,教育学生注重代码的规范性、逻辑的严谨性;软件开发中注重用户体验、安全性以及规范性等。

② 团队协作精神——注重项目组成员间的团队协作与合作。

③ 安全意识——由于软件开发的特殊性,教育学生注重代码的安全性、软件版权意识和信息安全意识。

④ 社会责任——教育学生不要利用自己所学,做违法违纪的事情,加强社会责任感。

(3) 是"互联网+"背景下的新形态一体化教材。以纸质教材为抓手,以在线学习平台为核心,提供配套的授课课件(PPT)、实训讲义、教学视频、习题库、动画课件、微课等丰富的在线资源,及时更新教学内容以及便于师生交互的各类资源,将丰富的多媒体资源与纸质的教材相融合,从而形成信息化立体教材,满足线上线下混合式教学要求;同时,便于学生个性化自主学习,提高学习的自主性和主动性。

(4) 紧扣全国计算机等级考试二级 C 语言程序设计考试大纲,重构程序设计理论知识,促进课证融通和书证融通。采用微软公司的 Microsoft Visual Studio 2010 集成开发环境作为项目开发平台,该软件也是全国计算机等级考试二级 C 语言程序设计官方指定开发环境。

本书可作为 C 语言程序设计课程的教材,也可作为全国计算机等级考试二级 C 语言程序设计考试指导用书。

本书是 2021 年江苏高校哲学社会科学研究项目"'1+X'背景下的高职专业群课程体系构建研究"(2021SJA0987)的研究成果,主要创作团队成员为课程组的屠莉、周建林、刘萍、苏春芳。校企合作企业无锡致为数字科技有限公司的李娜总经理(软件开发高级工程师)对本书进行了细致的总审。当然也离不开家人和其他领导、同事的关心与支持,在此一并表示真挚的感谢!

由于编者水平有限,书中难免有不足之处,希望广大读者批评、指正,并提出宝贵的意见和建议。

编　者

2024 年 2 月

目 录

基础篇　学生成绩管理系统

第1章　学生成绩管理系统需求分析和设计 ······ 2

- 任务1.1　需求分析 ······ 3
  - 1.1.1　软件工程的定义 ······ 3
  - 1.1.2　软件开发流程 ······ 3
  - 1.1.3　系统需求分析 ······ 4
  - 1.1.4　组建开发团队 ······ 6
- 任务1.2　系统设计 ······ 7
  - 1.2.1　概要设计 ······ 8
  - 1.2.2　详细设计 ······ 8
  - 1.2.3　学生成绩管理系统项目设计 ······ 8
  - 1.2.4　概要设计和详细设计说明书 ······ 11
- 任务1.3　项目开发环境搭建 ······ 12
  - 1.3.1　程序设计和程序设计语言 ······ 12
  - 1.3.2　初识函数——模块化程序设计 ······ 13
  - 1.3.3　Microsoft Visual Studio 2010 简介 ······ 14
  - 1.3.4　安装 Microsoft Visual Studio 2010 ······ 14
  - 1.3.5　C程序开发过程 ······ 18
  - 1.3.6　C语言的特点 ······ 23
- 本章小结 ······ 24
- 能力评估 ······ 25

第2章　项目的数据定义及运算 ······ 26

- 任务2.1　数据定义 ······ 27
  - 2.1.1　数制 ······ 27
  - 2.1.2　标识符与命名规范 ······ 29
  - 2.1.3　常量 ······ 30
  - 2.1.4　变量 ······ 30
  - 2.1.5　C语言中的数据类型 ······ 31

	2.1.6 系统数据定义	34
	2.1.7 圆的C语言定义	35
任务2.2	数据运算	35
	2.2.1 算术运算符	35
	2.2.2 关系运算符	36
	2.2.3 逻辑运算符	36
	2.2.4 其他运算符	37
	2.2.5 C语言运算符的优先级和结合性	38
	2.2.6 设计表达式	38
	2.2.7 交换两杯水	39
	2.2.8 计算圆的面积和周长	39
	2.2.9 水仙花数的条件	40
	2.2.10 闰年的条件	40
	2.2.11 大小写字母转换	41
本章小结		41
能力评估		42

第3章 用户菜单设计 43

任务3.1	主菜单显示	44
	3.1.1 算法和程序结构	44
	3.1.2 格式化输出语句	45
	3.1.3 空语句和复合语句	47
	3.1.4 主菜单显示	47
	3.1.5 子菜单显示	48
	3.1.6 袁隆平的人生流程	49
	3.1.7 泡茶的流程	51
	3.1.8 兔子图形	54
任务3.2	主菜单选择	55
	3.2.1 格式化输入语句	55
	3.2.2 if语句	57
	3.2.3 if语句的嵌套	59
	3.2.4 设计主菜单	61
	3.2.5 判断闰年	65
	3.2.6 判断水仙花数	66
	3.2.7 BMI身体质量指数	68
任务3.3	子菜单选择	69
	3.3.1 switch语句	70
	3.3.2 break语句和continue语句	71

		3.3.3 设计子菜单	72
		3.3.4 抽签游戏	75
		3.3.5 判断成绩等级	77
	任务 3.4	菜单循环显示	78
		3.4.1 while 语句	79
		3.4.2 do-while 语句	80
		3.4.3 菜单循环显示编程	80
		3.4.4 累加求和	86
		3.4.5 斐波那契数列	87
		3.4.6 百钱买百鸡	88
本章小结			89
能力评估			90

第4章 学生成绩管理 · · · · · · 92

	任务 4.1	学生成绩添加和浏览	93
		4.1.1 一维数组	94
		4.1.2 for 语句	95
		4.1.3 再识函数——函数的定义和调用	97
		4.1.4 编写成绩添加语句和浏览函数	99
		4.1.5 输出 100 以内的所有素数	101
		4.1.6 输出所有水仙花数	103
		4.1.7 输出 21 世纪所有闰年	104
	任务 4.2	学生成绩统计	104
		4.2.1 一维数组的应用	106
		4.2.2 设计成绩统计函数	107
		4.2.3 二维数组的应用	113
		4.2.4 杨辉三角形	115
	任务 4.3	学生成绩排序	116
		4.3.1 冒泡排序	117
		4.3.2 选择排序	118
		4.3.3 冒泡排序与选择排序的比较	120
		4.3.4 编写成绩排序函数	120
		4.3.5 插入排序	122
	任务 4.4	学生成绩查询	123
		4.4.1 顺序查找算法	125
		4.4.2 折半查找算法	125
		4.4.3 编写成绩查询函数	126
		4.4.4 查询最高分(二维数组)	129

本章小结 …………………………………………………………………… 130
能力评估 …………………………………………………………………… 131

第 5 章　项目重构 1——结构体和指针 ………………………………………… 132

任务 5.1　项目结构体重构 ……………………………………………………… 132
5.1.1　字符数组 ……………………………………………………… 134
5.1.2　结构体 ………………………………………………………… 139
5.1.3　用结构体重构项目 …………………………………………… 141
5.1.4　判断回文 ……………………………………………………… 150
5.1.5　连接 2 个字符串 ……………………………………………… 151

任务 5.2　项目指针重构 ………………………………………………………… 152
5.2.1　指针 …………………………………………………………… 152
5.2.2　链表 …………………………………………………………… 158
5.2.3　用链表重构项目 ……………………………………………… 164
5.2.4　保存信息到双向链表 ………………………………………… 174
5.2.5　寻宝游戏 ……………………………………………………… 175

本章小结 …………………………………………………………………… 179
能力评估 …………………………………………………………………… 180

第 6 章　项目重构 2——文件 …………………………………………………… 181

任务 6.1　保存学生信息到文件 ………………………………………………… 182
6.1.1　文件分类 ……………………………………………………… 183
6.1.2　文件处理流程 ………………………………………………… 183
6.1.3　文件操作函数 ………………………………………………… 184
6.1.4　将学生成绩存入文件 ………………………………………… 185
6.1.5　将结构体数组信息存储到文件中 …………………………… 187

任务 6.2　从文件读取学生信息 ………………………………………………… 188
6.2.1　文件格式化输入函数 ………………………………………… 189
6.2.2　文件定位 ……………………………………………………… 189
6.2.3　从文件读取学生成绩 ………………………………………… 190
6.2.4　读取文件信息到双向链表 …………………………………… 192
6.2.5　寻宝游戏恢复 ………………………………………………… 194

本章小结 …………………………………………………………………… 196
能力评估 …………………………………………………………………… 197

实战篇　企业员工管理系统

第 7 章　企业员工管理系统项目需求分析和设计 ……………………………… 200

任务 7.1　需求分析 ……………………………………………………………… 200

任务 7.2　总体设计 ··· 202
　　本章小结 ··· 205

第 8 章　企业员工管理系统项目功能开发与实现 ··············· 206
　　任务 8.1　公用函数库 ··· 206
　　任务 8.2　通信录管理 ··· 208
　　任务 8.3　考勤管理 ·· 213
　　任务 8.4　薪资管理 ·· 216
　　任务 8.5　交互界面 ·· 218
　　本章小结 ··· 228

第 9 章　项目测试与部署 ··· 229
　　任务 9.1　通信录功能测试 ·· 230
　　　　9.1.1　测试方法 ·· 230
　　　　9.1.2　测试用例设计 ··· 230
　　　　9.1.3　增加员工信息测试 ··· 230
　　　　9.1.4　删除员工信息测试 ··· 231
　　　　9.1.5　修改员工信息测试 ··· 233
　　　　9.1.6　查询员工信息测试 ··· 233
　　任务 9.2　考勤管理功能测试 ··· 234
　　　　9.2.1　员工考勤测试 ··· 235
　　　　9.2.2　查询考勤信息测试 ··· 236
　　任务 9.3　薪资管理功能测试 ··· 237
　　　　9.3.1　查询薪资测试 ··· 237
　　　　9.3.2　修改薪资测试 ··· 238
　　任务 9.4　项目安装部署 ·· 238
　　本章小结 ··· 240

附录 A　ASCII 表 ·· 241

附录 B　运算符和结合性 ··· 242

附录 C　C 库函数 ··· 244

附录 D　全国计算机等级考试二级 C 语言程序设计考试大纲（2022 年版） ········· 250

参考文献 ·· 253

基 础 篇
学生成绩管理系统

随着大数据、云计算、物联网、5G等信息技术的快速发展,基于"互联网+"的智能系统在众多领域得到广泛应用。其中,教育信息化也日益深入,智慧校园在各大院校普遍推广。智能化的教务管理模式逐渐取代低效率的人工管理方式或半自动管理方式,大大提高了工作效率。因此,开发"学生成绩管理系统",对学生成绩进行高效的信息化管理非常必要。本篇以爱思科技虚拟公司采用C语言开发"学生成绩管理系统"为主线,遵循软件开发流程,构建真实企业研发情境和工作任务。对接软件开发岗位能力需求,由易到难,递进式对项目不断重构,设计沉浸体验式教学任务,注重分层分类,培养学生的专业能力和职业素养。

第 1 章　学生成绩管理系统需求分析和设计

　　本章主要完成学生成绩管理系统的需求分析和设计,并搭建项目开发环境 Visual Studio 2010(全国计算机等级考试二级 C 语言程序设计考试官方指定开发环境)。需求分析是指对要解决的问题进行详细的分析,弄清楚问题的要求,包括需要输入什么数据、要得到什么结果、最后应输出什么。该阶段就是确定要"做什么"。设计阶段是要把"做什么"的逻辑模型转换为"怎么做"的物理模型。该阶段描述了软件的总体结构,然后对结构进行细化。应采用软件工程的思想完成项目的需求分析和设计,引导学生主动学习。按照企业工作过程,组建项目开发团队,让学生全程参与软件开发。

工作任务

- 任务 1.1　需求分析
- 任务 1.2　系统设计
- 任务 1.3　项目开发环境搭建

学习目标

知识目标

(1) 掌握软件工程的相关知识。
(2) 掌握软件开发流程。
(3) 理解并掌握项目的需求分析和设计。

能力目标

(1) 能够搭建项目开发环境 Visual Studio 2010。
(2) 能够熟练使用 Visual Studio 2010 创建 C 语言项目,掌握程序开发流程。
(3) 能够自主查阅资料,具备分析问题和解决问题的能力。

素质目标

(1) 培养学生养成遵循软件行业研发规范的职业精神。
(2) 培养学生精益求精的专业精神。
(3) 增强学生信息安全意识和知识产权意识。
(4) 培养学生具备良好的沟通交流能力和团队协作精神。
(5) 培养学生劳动习惯,增强劳动意识。

任务 1.1 需求分析

 任务描述与分析

为了实现对学生成绩的信息化管理,实现工作流程的系统化、规范化和自动化,计算机科学系的爱思科技虚拟公司决定采用 C 语言开发"学生成绩管理系统",帮助老师对学生成绩进行高效的查找、更新和维护等操作,也有助于学生对自己的成绩进行随时查看和查找。

项目的负责人是爱思科技虚拟公司的周老师,与学校有关部门沟通了实际的成绩管理流程后,作为项目经理组建开发团队。开发团队由虚拟公司的学生项目小组组成,每个项目组有 6 名左右的学生,自选一名组长。每个项目组必须根据项目经理的功能要求、技术要求和进度要求,合作完成整个学生成绩管理系统。在完成项目的过程中,培养学生的团队合作能力、交流沟通能力和良好的自学能力。

学生成绩管理系统由哪些用户使用,这些用户又具备哪些功能呢?我们通过分析确定各类用户功能,并进行需求描述与评审,这一系列的活动构成软件开发流程的需求分析阶段。需求分析是一个非常重要的过程,将直接影响后续软件开发的质量。

 相关知识与技能

1.1.1 软件工程的定义

软件工程是用工程、科学和数学的原则与方法研制、维护计算机软件的有关技术及管理方法。它由方法、工具和过程三部分组成。软件工程方法是完成软件工程项目的技术手段。它支持项目计划和估算、系统和软件需求分析、软件设计、编码、测试和维护。软件工程使用的软件工具是人类在开发软件的活动中智力与体力的扩展和延伸,它自动或半自动地支持软件的开发和管理,支持各种软件文档的生成。软件工程中的过程贯穿于软件开发各个环节,管理者在过程中,要对软件开发的质量、进度、成本进行评估、管理和控制。

软件工程的目标是:在给定成本、进度的前提下,开发出具有可修改性、有效性、可靠性、可理解性、可维护性、可重用性、可适应性、可移植性、可追踪性和可互操作性并满足用户需求的软件产品。

1.1.2 软件开发流程

软件开发流程即软件设计思路和方法的一般过程,包括设计软件的功能和实现的算法与方法、软件的总体结构设计和模块设计、编程和调试、程序联调和测试,以及编写、提交程序。软件开发大致包括以下阶段。

（1）软件系统的可行性研究。可行性研究的任务是了解用户的要求及现实环境，从技术、经济和社会等方面研究并论证软件系统的可行性。

（2）需求分析。确定待开发软件的功能需求、性能需求和运行环境约束，编制软件需求规格说明书。软件需求不仅是软件开发的依据，也是软件验收的标准。

（3）概要设计。概要设计需要对软件系统的设计进行考虑，包括系统的基本处理流程、系统的组织结构、模块划分、功能分配、接口设计、运行设计、数据结构设计和出错处理设计等，为软件的详细设计提供基础。

（4）详细设计。对概要设计产生的功能模块逐步细化，包括算法、数据结构和各程序模块之间的详细接口信息，为编写源代码提供必要的说明。

（5）编码。根据详细设计文档将详细设计转化为所要求的编程语言的程序，并对这些程序进行调试和程序单元测试，验证程序模块接口与详细设计文档的一致性。

（6）测试。①组装测试：将经过单元测试的模块逐步进行组装和测试，并对系统各模块间的连接正确性进行测试；②确认测试：测试系统是否达到了系统需求，测试时应有客户参加。在确认测试阶段应向用户提交最终的用户手册、源程序及其他软件文档。

目前，软件开发的模型包括瀑布模型、快速原型模型、螺旋模型等，但基本上都以不同方式包括以上阶段。

1.1.3 系统需求分析

通过以上知识的学习，项目组就可以实施项目需求分析的任务了。各项目组分工协作，反复、认真地到教务处和各系部调研系统的需求，逐步明晰学生成绩管理的工作流程，明确系统的功能需求。同时，在与用户沟通的过程中，教务处强调了学生信息和成绩信息的安全性和保密性，学生小组进一步增强了信息安全意识和软件版权意识。在此基础上，完成了项目的总体功能需求分析。学生成绩管理系统功能模块图如图1-1所示。本项目分为两种用户角色：管理员和学生。

（1）管理员的功能需求。按管理员权限选择后，能够对班级成绩进行添加、对班级成绩进行浏览、对班级成绩进行统计，包括求最高分、求最低分、求平均分、求及格率、求各分数段所占比例，以及对班级成绩进行排序。管理员用例图如图1-2所示。

（2）学生的功能需求。按学生权限选择后，能够按学号或姓名等信息查询成绩。学生用例图如图1-3所示。

项目经理周老师要求每个项目小组自主查阅资料，根据软件工程的思想，撰写需求规格说明书。需求规格说明书的主体包括两部分：功能与行为需求描述，非行为需求描述。功能与行为需求描述说明系统的输入、输出及其相互关系，非行为需求是指软件系统在工作时应具备的各种属性，包括效率、可靠性、安全性、可维护性、可移植性等。

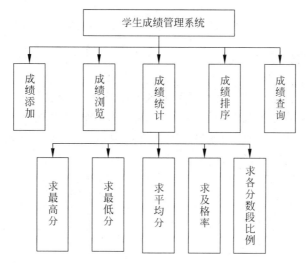

图 1-1　学生成绩管理系统功能模块图

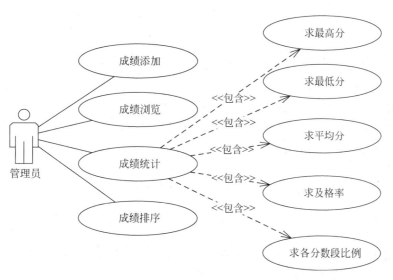

图 1-2　管理员用例图

图 1-3　学生用例图

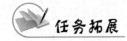

1.1.4 组建开发团队

在开发项目之前,基于软件行业的项目管理和企业化的软件开发规范,组建开发团队。为了培养具备"项目组长"潜质的高素质软件开发技术技能型人才,周老师仿真IT企业的工作场景,参照IT企业的项目组配置,将学生进行分组,按照每组6人仿真企业的一个开发小组。项目组的组织结构图如图1-4所示。

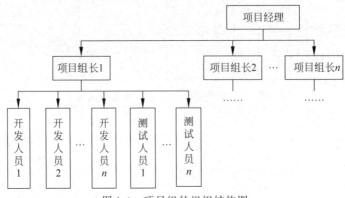

图 1-4 项目组的组织结构图

(1)项目经理(project manager):项目团队的领导者和管理者。带领项目组保质保量完成软件的需求、设计、开发和测试工作,随时把握项目存在的风险,制定对策。

(2)项目组长(team leader):项目开发负责人。参与项目需求分析,协助项目经理完成系统架构设计、开发等技术方面的事务,以及项目的整体质量和进度把控。

(3)开发人员:负责项目各功能模块的代码编写以及单元测试。

(4)测试人员:通过人工或自动化手段运行测试系统,以检验它是否满足规定的需求或弄清楚预期结果与实际结果之间的差别。

开发团队由一名项目经理和五个项目小组组成。每个项目小组由6名学生构成,项目小组分工情况如表1-1所示。

表 1-1 项目小组分工情况

小组编号	成员	角色	职责描述
0	周老师	项目经理	系统总体设计与项目管理
1	高伟强	项目组长	带领组员完成"学生成绩管理系统"需求分析和设计,辅导组员完成编码调试,以及带领全体组员完成项目测试
	田萧	副组长	协助组长完成各项任务
	王列岩	小组成员	成绩添加和浏览功能的实现
	张康林	小组成员	成绩统计功能的实现
	李振甲	小组成员	成绩排序功能的实现
	张灿	小组成员	学生成绩查询功能的实现

续表

小组编号	成员	角色	职责描述
2	郭波	项目组长	带领组员完成"学生成绩管理系统"需求分析和设计,辅导组员完成编码调试,以及带领全体组员完成项目测试
	徐子文	副组长	协助组长完成各项任务
	史心胜	小组成员	成绩添加和浏览功能的实现
	丁迎双	小组成员	成绩统计功能的实现
	周成兵	小组成员	成绩排序功能的实现
	张杰	小组成员	学生成绩查询功能的实现
3	徐志权	项目组长	带领组员完成"学生成绩管理系统"需求分析和设计,辅导组员完成编码调试,以及带领全体组员完成项目测试
	秦磊	副组长	协助组长完成各项任务
	王文静	小组成员	成绩添加和浏览功能的实现
	刘之铉	小组成员	成绩统计功能的实现
	胡炜	小组成员	成绩排序功能的实现
	于灿丽	小组成员	学生成绩查询功能的实现
4	王仁尚	项目组长	带领组员完成"学生成绩管理系统"需求分析和设计,辅导组员完成编码调试,以及带领全体组员完成项目测试
	朱鑫宇	副组长	协助组长完成各项任务
	陈红玉	小组成员	成绩添加和浏览功能的实现
	杨硕	小组成员	成绩统计功能的实现
	任义	小组成员	成绩排序功能的实现
	杨科科	小组成员	学生成绩查询功能的实现
5	渠立格	项目组长	带领组员完成"学生成绩管理系统"需求分析和设计,辅导组员完成编码调试,以及带领全体组员完成项目测试
	唐山	副组长	协助组长完成各项任务
	符锦哲	小组成员	成绩添加和浏览功能的实现
	王石亮	小组成员	成绩统计功能的实现
	马道森	小组成员	成绩排序功能的实现
	张建昊	小组成员	学生成绩查询功能的实现

任务 1.2 系统设计

任务描述与分析

在任务 1.1 中,研发团队已经完成了学生成绩管理系统的需求分析,接下来,还不能马上进入代码编写阶段,而是要把软件系统的界面设计和功能模块设计等要素确定下来。软件设计过程是对程序结构、数据结构和过程细节逐步求精、复审并编制文档的过程。

本任务将对学生成绩管理系统的总体设计思路进行梳理和分析,以使研发团队对项目有一个较为整体的认识。

要完成这个任务,周老师要给项目组的同学们分析一下需要掌握哪些知识。本任务主要涉及软件工程中项目设计阶段主要做什么。项目设计一般包括概要设计和详细设计。下面对概要设计与详细设计的相关知识进行介绍。

相关知识与技能

1.2.1 概要设计

概要设计是指设计软件的结构,包括组成模块、模块的层次结构、模块的调用关系,每个模块的功能等。同时,还要设计该项目的总体数据结构和数据库结构,即应用系统要存储什么数据,这些数据是什么样的结构,它们之间有什么关系。概要设计阶段会产生概要设计说明书,说明系统模块划分、选择的技术路线等,整体说明软件的实现思路,并且需要指出关键技术难点等。它面向设计人员和用户,用户也能看得懂,不要求追求细节,是对用户需求的技术响应,是二者沟通的桥梁。

1.2.2 详细设计

详细设计阶段是对概要设计的进一步细化,即为每个模块完成的功能进行具体的描述。要把功能描述转变为精确的、结构化的过程描述,是具体的实现细节描述。详细设计阶段常用的描述方式有传统流程图、N-S图、PAD图、伪代码等。详细设计阶段会产生详细设计说明书。该阶段通常面向开发人员,开发人员看了详细设计说明书,就可以直接写代码。

1.2.3 学生成绩管理系统项目设计

通过以上知识的学习,项目组就可以实施学生成绩管理系统项目的设计任务了。项目设计主要包括概要设计和详细设计两部分。

1. 概要设计

1) 项目设计思路

程序设计一般由算法和数据结构组成,合理地选择数据结构在项目的开发过程中非常重要。本项目首先使用数组来存放成绩信息,完成项目的第一个版本。数组会占用连续的存储空间,当使用数组来存放数据时,要事先预估数组大小。若估计过大,会浪费空间；估计过小，不容易扩充。特别是当需要插入数据或删除数据等操作时效率较低。因 C 语言对链表的动态操作比较灵活，因此我们使用带头节点的单链表结构来存放学生成绩。链表的每个节点使用结构体来存放学生成绩信息，每个节点除了存放信息外，还存放节点之间的关系，即包含一个指向下一个学生信息的指针域，因此使用结构体、指针和链表来重构项目。最后由于前两个版本的成绩信息都无法保存，引入文件来再次重构项目。考虑由点及面、由简到繁，由易到难的学习规律，对项目逐步重构，项目的实施过程如下。

第一版：使用数组来存放学生成绩。通过这个版本的实施，使学生深入理解和掌握数组的应用，尤其是深刻理解数组作为函数参数的传递过程。

第二版：使用结构体、指针和链表来存放学生成绩。通过这个版本的实施，使学生深入理解和掌握结构体和指针链表相关知识，并能灵活运用。

第三版：使用文件来存放学生成绩。通过这个版本的实施，使学生深入理解和掌握文件的相关知识，并能灵活运用。

2）数据结构设计

"学生成绩管理系统"中将一个学生记录设计为一个节点，节点的类型为结构体，用结构体中各个域表示学生成绩信息，包含学号、姓名、成绩三个数据，每个节点除了存放信息外，还存放节点之间的关系，即包含一个指向下一个学生信息的指针域。

学生成绩结构体的定义如下。

```
struct STU
{
    char stuId[8];
    char stuName[20];
    int cScore;
    struct STU * next;
};
```

在 main() 函数中定义一个头指针，指向链表的第一个节点。

```
struct STU * head = NULL;
```

3）软件系统界面

软件系统一般有基于控制台的应用、基于窗体的应用和基于 Web 的应用。本项目开发的是 Windows Console Application，所以界面是输出在 Windows 控制台上的，具体设计如图 1-5 所示。

2. 详细设计

学生成绩管理系统主要采用模块化程序设计的方法实现各功能，即将各功能抽取成自定义的函数，并在菜单中调用这些函数，实现各个功能。下面详细设计该项目的各个功能的函数原型，表 1-2 使用数组来存放学生成绩。

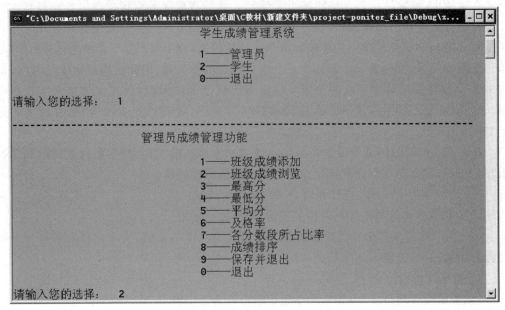

图 1-5　界面设计

表 1-2　项目第一版本函数设计

功　能	函数原型	参数列表	返　回　值
班级成绩添加	void addScore(int s[])	成绩数组 s	无
班级成绩浏览	void listScore(int s[])	成绩数组 s	无
最高分	int maxScore(int s[])	成绩数组 s	int 类型最大值
最低分	int minScore(int s[])	成绩数组 s	int 类型最小值
平均分	double avgScore(int s[])	成绩数组 s	double 类型平均分
及格率	double passRate(int s[])	成绩数组 s	double 类型及格率
各分数段所占比率	double segScore(int s[],int a,int b)	成绩数组 s 和分数段开始值 a 与结束值 b	double 类型各分数段比率
成绩排序	void sortScore(int s[])	成绩数组 s	无
查询成绩	int searchByScore(int s[], int queryScore)	成绩数组 s 和待查询的成绩 queryScore	int 类型,如果为 -1 表示成绩不存在,其他存在

　　由于数组的操作效率低,而对链表的动态操作比较灵活,因此使用带头节点的单链表结构来存放学生成绩。每个节点除了存放信息外,还存放一个指向下一个学生信息的指针域,因此使用结构体、指针和链表来重构项目。表 1-3 列出了项目第二版各个功能的函数原型。

　　由于项目的前两个版本学生成绩无法保存下来,所以第三版在第二版的基础上使用文件来存放学生成绩信息。各个功能的函数原型设计基本与第二版本相同,但增加了读文件和写文件两个功能,如表 1-4 所示。

表 1-3 项目第二版本函数设计

功　能	函 数 原 型	参 数 列 表	返 回 值
班级成绩添加	STU * addScore(STU * head)	STU 结构体指针变量,指向链表的第 1 个节点	STU *
班级成绩浏览	void listScore(STU * head)	STU 结构体指针变量,指向链表的第 1 个节点	无
最高分	int maxScore(STU * head)	STU 结构体指针变量,指向链表的第 1 个节点	int 类型最大值
最低分	int minScore(STU * head)	STU 结构体指针变量,指向链表的第 1 个节点	int 类型最小值
平均分	double avgScore(STU * head)	STU 结构体指针变量,指向链表的第 1 个节点	double 类型平均分
及格率	double passRate(STU * head)	STU 结构体指针变量,指向链表的第 1 个节点	double 类型及格率
各分数段所占比率	void segScore(STU * head)	STU 结构体指针变量,指向链表的第 1 个节点	无
成绩排序	void sortScore(STU * head)	STU 结构体指针变量,指向链表的第 1 个节点	无
按学号查询信息	void searchStuById(STU * head,char * sId)	STU 结构指针变量和字符指针变量 sId	无
按姓名查询信息	void searchStuByName(STU * head,char * sName)	STU 结构指针变量和字符指针变量 sName	无

表 1-4 项目第三版本函数设计

功　能	函 数 原 型	参 数 列 表	返 回 值
学生信息保存到文件	void saveScore(STU * head)	结构体指针变量	无
读文件	void readScore(STU ** head)	二级指针	无

1.2.4　概要设计和详细设计说明书

　　项目经理周老师要求每个项目小组自主查阅资料,撰写概要设计说明书和详细设计说明书。概要设计说明书编制的目的是说明系统的基本处理流程、系统的组织结构、模块划分、功能分配、接口设计、运行设计、数据结构设计和出错处理设计等,为程序的详细设计提供基础。详细设计说明书编制的目的是说明一个软件系统各个层次中的每个程序(每个模块或子程序)的实际考虑,为程序员编写程序提供依据。

　　在撰写说明书的过程中,强调文档格式和内容的规范。要求参照软件开发流程和企业项目开发标准撰写设计说明书。

任务 1.3 项目开发环境搭建

 任务描述与分析

为了完成成绩管理系统的编码调试,周老师要求开发团队采用集成开发环境 Visual Studio 2010 作为程序的开发工具,要求每个团队成员能安装集成开发环境 Visual Studio 2010,并能使用该环境完成程序代码的编辑、编译、连接和执行。要完成这个任务,周老师要给项目组的同学们分析一下需要掌握哪些知识。

首先,要理解程序设计、程序设计语言和程序的概念。接下来,要知道 C 语言是一种程序设计语言,要掌握 C 语言的相关知识。用 C 语言编写的程序要在 Visual Studio 2010 集成开发环境上进行编辑、编译、连接和执行,所以最后要掌握 Visual Studio 2010 的相关知识。

 相关知识与技能

1.3.1 程序设计和程序设计语言

程序设计是指面对 1 个需解决的实际问题,设计适合于计算机的算法,并利用程序设计语言实现算法、写出程序并运行程序,此问题得以解决。

程序设计语言用来表达算法,具备特定语法规则的语句(指令)集合。

程序设计语言经历过机器语言、汇编语言和高级语言三大发展阶段。

微课:
程序设计入门

(1) 机器语言:最早问世,用二进制代码构成指令。用机器语言编程的缺点是烦琐、不直观、不易调试;移植性差,依赖于计算机。其代码形如 0100011。

(2) 汇编语言:用英文符号构成指令,相对直观,但仍烦琐,仍是面向计算机的语言,依赖于计算机。汇编语言是计算机间接接受的语言。其代码形如 add x,2。

(3) 高级语言:机器语言和汇编语言都是面向计算机的语言,一般称为"低级语言"。现在人们更习惯使用接近日常使用的自然语言和数学语言作为语言的表达式,便于理解和记忆,这种语言称为"高级语言"。其代码形如 x=x+2。

早期的 C 语言主要是用于 UNIX 系统。由于 C 语言的强大功能和各方面的优点逐渐为人们认识,到了 20 世纪 80 年代,C 开始进入其他操作系统,并很快在各类大、中、小和微型计算机上得到了广泛的使用。

C 语言具有丰富的运算符和数据类型,可以实现复杂的数据结构。它还可以直接访问内存的物理地址,进行位一级的操作,可以实现对硬件的编程操作。它既可开发系统软件,又可开发应用软件,因此深受广大编程人员的喜爱。

程序是指解决特定问题所需要的语句集合。

【例 1-1】 求任意两个整数的和。

需要以下几个步骤来完成该任务。

(1) 算法设计。

① 设置 3 个变量。

② 输入 2 个变量的值(应为整数)。

③ 求和,放入第 3 个变量。

④ 输出和。

(2) 用 C 语言写成程序,代码如下。

```
#include <stdio.h>                        //预处理指令
int main()   //主函数名为 main
{
    int   x , y , sum;                    //定义三个变量
    sum = 0;                              //sum 变量初始化为 0
    printf("请输入两个整数的值\n");       //提示用户输入
    scanf("%d%d", &x , &y);               //从键盘输入 x,y 的值
    sum = x + y;                          //求 x,y 的和,放入 sum 中
    printf("%d + %d = %d\n", x , y , sum); //输出 sum 的值
    getchar();
    getchar();
    return 0;
}
```

从以上的程序段可以看出 C 程序的特点。

① 一个 C 语言源程序可以由一个或多个源文件组成。

② 每个源文件可由一个或多个函数组成。这些函数都是平行定义的,任何一个函数不能定义在别的函数内。

③ 一个源程序不论由多少个函数组成,都有且仅有一个 main()函数,即主函数。程序从 main()函数开始执行、结束。

④ 每个函数由函数头、函数体组成。函数体由 1 对花括号括起,包含各类语句。

⑤ 每一个语句都必须以分号结尾。但预处理命令,函数头和花括号"}"之后不能加分号。

(3) 运行程序。在 Microsoft Visual Studio 2010 集成开发环境上编辑、编译、连接和执行该程序,最终调试通过完成任务。

1.3.2 初识函数——模块化程序设计

函数是 C 程序的基本模块。把具备特定功能的代码组织在相对独立的函数内,在执行时给它一定的输入,函数执行完成后,就可以实现其设计功能。函数是减少代码重复书写、功能抽取、实现模块化程序设计的重要手段。在 C 语言程序设计以及其他的软件开发中,都离不开函数的应用。

模块化程序设计的思路是：一个源程序是由多个函数组成的。但是不论这个源程序由多少个函数组成，都有且仅有一个 main() 函数，即主函数。在一个源程序中可以调用 C 语言中提供的库函数，也可以建立用户自己定义的函数。

C 语言常用函数库如下。

(1) 数学：♯include "math.h"。

(2) 字符和字符串：♯include "ctype.h"；♯include "string.h"。

(3) 输入/输出：♯include "stdio.h"。

(4) 标准库：♯include "stdlib.h"。

C 语言不仅提供了丰富的标准库函数，还允许用户建立自定义的函数。关于函数的定义和调用，将在模块四中的任务 4.1 中详细介绍。

1.3.3　Microsoft Visual Studio 2010 简介

Visual Studio 是微软公司推出的开发环境，是广泛流行的 Windows 平台应用程序开发环境。Visual Studio 2010 带来了.NET Framework 4.0、Microsoft Visual Studio 2010 CTP(community technology preview)，并且支持开发面向 Windows 7 的应用程序。除了 Microsoft SQL Server，它还支持 IBM DB2 和 Oracle 数据库。Visual Studio 可以用来创建 Windows 平台下的 Windows 应用程序和网络应用程序，也可以用来创建网络服务、智能设备应用程序和 Office 插件。Visual Studio 2010 是一个功能强大的可视化软件开发工具，是集编辑、编译、连接、执行于一体的集成开发环境。随着其新版本的不断问世，Microsoft Visual Studio 2010 已成为 C 语言或 C++ 语言程序员进行软件开发的首选工具，同时，也是全国计算机等级考试二级 C 语言程序设计考试官方指定开发环境。

1.3.4　安装 Microsoft Visual Studio 2010

安装 Microsoft Visual Studio 2010 的步骤如下。

(1) 将 Microsoft Visual Studio 2010.ISO 的压缩包解压，得到的安装文件如图 1-6 所示。

(2) 双击图 1-6 中的 setup.exe 后，出现如图 1-7 所示的界面。

(3) 组件安装完成后，出现如图 1-8 所示的界面。

(4) 单击"下一步"按钮，出现如图 1-9 所示的界面，认真阅读完协议后，接受许可协议，单击"我已阅读并接受许可条款"单选按钮。

(5) 单击"下一步"按钮，进入如图 1-10 所示的界面。单击"完全"单选按钮，并选择安装方式及路径。

第 1 章　学生成绩管理系统需求分析和设计

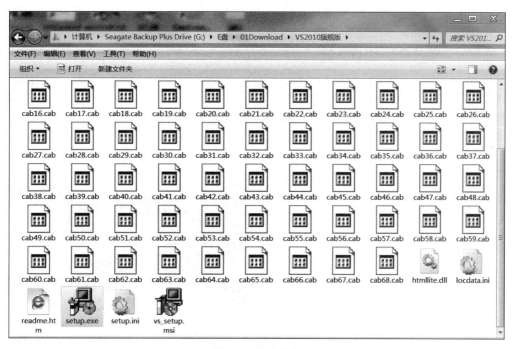

图 1-6　安装文件

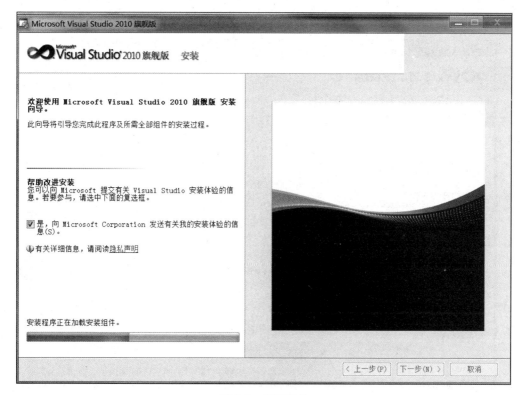

图 1-7　安装向导

15

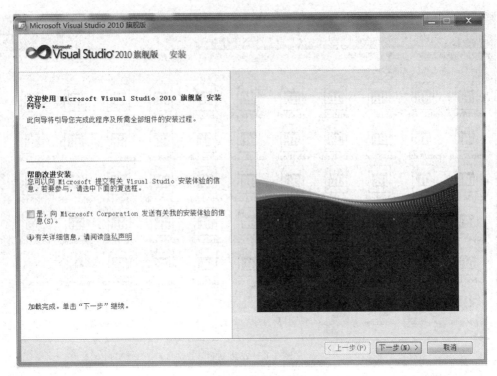

图 1-8　组件安装完成

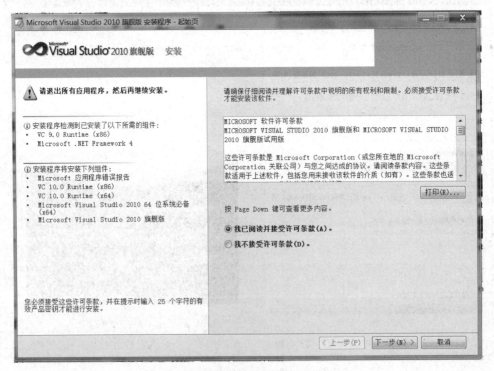

图 1-9　接受许可条款

第 1 章　学生成绩管理系统需求分析和设计

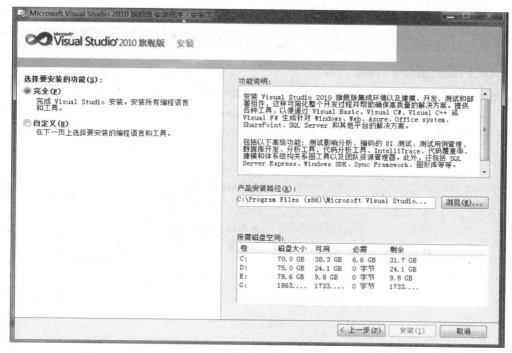

图 1-10　选择安装方式及路径

（6）单击"安装"按钮，进入如图 1-11 所示的界面。

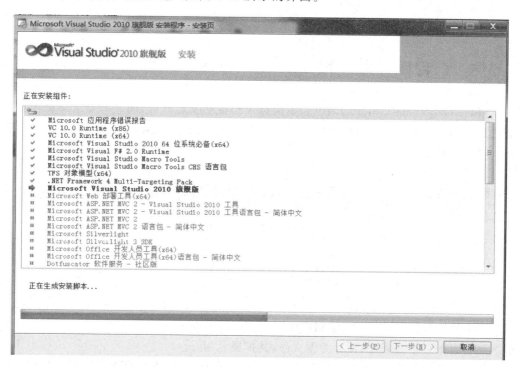

图 1-11　安装进行中

17

(7) 安装完成,出现如图 1-12 所示界面。

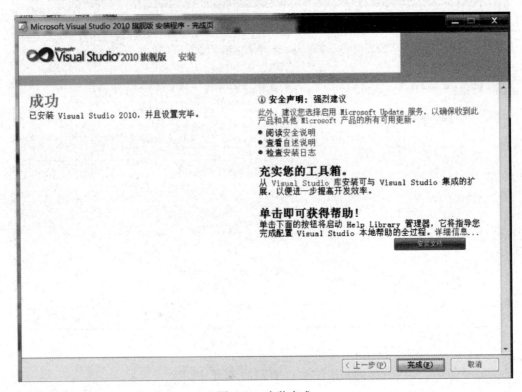

图 1-12　安装完成

1.3.5　C 程序开发过程

Microsoft Visual Studio 2010(以下简称 VS)成功安装以后,周老师要求每个项目组首先熟悉其使用方法。使用该软件对 C 程序进行开发的过程如图 1-13 所示。开发 C 程序的具体步骤如下。

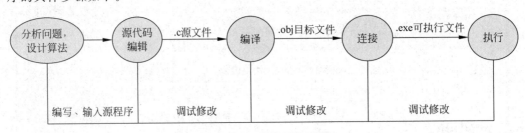

图 1-13　C 程序开发过程

(1) 分析问题,设计算法,绘制流程图。

(2) 编辑 C 语言程序,保存为源文件,其扩展名为.c。

(3) 编译源文件,形成二进制文件。它被称为目标文件,其扩展名为.obj。若有语法错误,则不能通过编译,需进行调试修改。

第 1 章　学生成绩管理系统需求分析和设计

（4）连接程序的所有目标文件和所需库文件，形成可执行的二进制文件，称为可执行文件，其扩展名为.exe。

（5）运行。若有逻辑错误，则运行结果与任务要求不符，需要进行调试修改。

下面以例 1-1"求任意两个整数的和"为例，介绍如何编写并调试程序。程序的开发过程如下。

（1）进入 Microsoft Visual Studio 2010 环境。执行"开始"→"程序"→Microsoft Visual Studio 2010 命令，进入 VS 的开发环境，如图 1-14 所示。

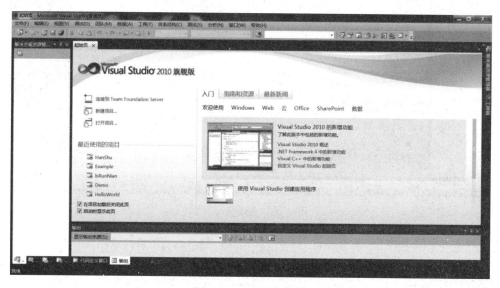

图 1-14　VS 开发环境

（2）新建项目。在图 1-14 中选择"文件"→"新建"→"项目"命令（或者按 Ctrl+Shift+N 组合键），如图 1-15 所示，进入新建项目向导。选中图 1-14 中的"项目"选项卡，然后选择

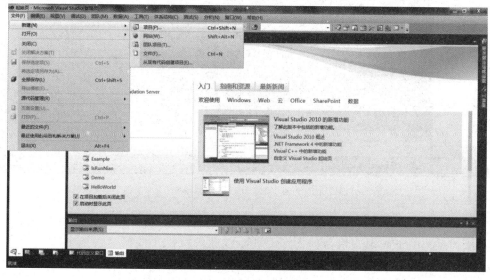

图 1-15　新建项目

"C++语言"(C++兼容C),再选择"空项目",在项目名称中填写项目名如HelloWorld,并选择你的项目存放位置,如 C:\Users\Administrator\Desktop\,最后单击"确定"按钮,进入下一步选择项目类型,如图1-16所示。

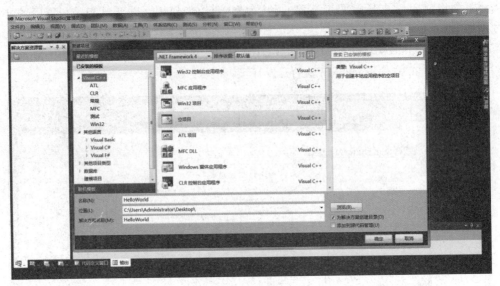

图1-16 选择项目类型

默认选中图1-16中的"空项目",单击"确定"按钮,进入VS项目窗口,如图1-17所示。

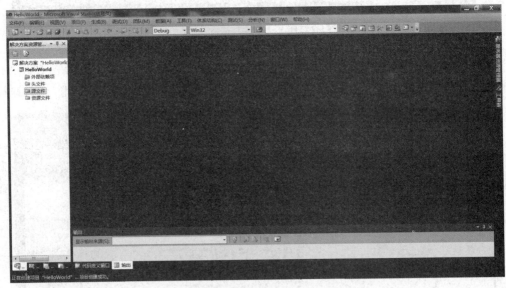

图1-17 项目窗口

（3）新建源文件,编辑程序。右击"源文件"文件夹,执行"添加"→"新建项"命令（或者按Ctrl＋Shift＋A组合键）,如图1-18所示,进入新建文件窗口。选中图1-19中的Visual C++选项卡,然后选择"C++文件",填写文件名,如Hello.c。默认文件的位置在当前项目下,单击"添加"按钮,进入源文件编辑窗口,如图1-20所示。

第 1 章　学生成绩管理系统需求分析和设计

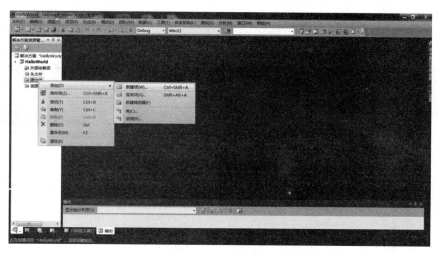

图 1-18　新建源文件

图 1-19　选择文件类型

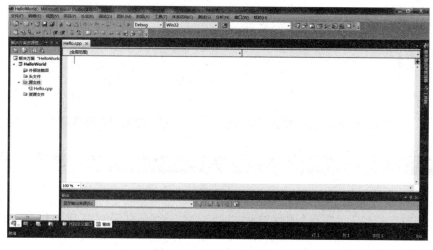

图 1-20　源文件编辑窗口

在图 1-20 所示的编辑窗口中输入第一个 C 语言程序 Hello world 的源代码,如图 1-21 所示。

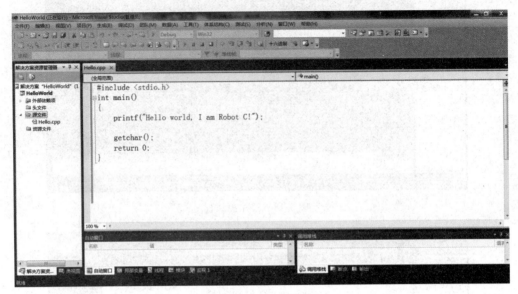

图 1-21　输入源代码

(4) 编译调试。选择"调试"→"启动调试"命令,或单击工具栏中的绿色三角形按钮,如果程序编译没有任何错误,则输出窗口会出现"0 error(s), 0 warning(s)"提示,如图 1-22 所示。如果有错误,可双击每个错误,在源文件窗口进行调试修改,如图 1-23 所示。

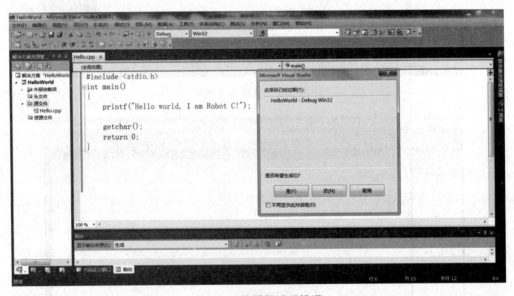

图 1-22　编译调试无错误

(5) 连接与运行。选择"调试"→"启动调试"命令,显示程序执行结果,如图 1-24 所示。

图 1-23　编译调试有错误

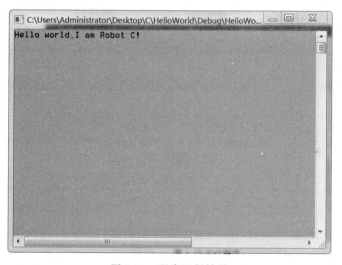

图 1-24　程序运行结果

1.3.6　C语言的特点

项目经理周老师要求每个项目小组查阅资料,总结 C 语言的特点。

C 语言是一种计算机程序设计语言。它既可用于系统软件的开发,也可用于应用软件的开发。它主要有以下几方面特点。

（1）语言简洁、紧凑，使用灵活、方便。C语言共有32个关键字，9种流程控制语句，程序书写形式自由，区分大小写。

（2）运算符丰富。C语言的运算符共有45个。C语言把括号、赋值、强制类型转换等都作为运算符处理，从而使C语言的运算类型极其丰富，表达式类型多样化。开发人员可以灵活运用所提供的运算符表达其他语言难以表达的表达式。

（3）数据类型丰富。C语言具有整型、实型、字符型、数组类型、指针类型、结构体类型、共用体类型等数据类型，能用来构造复杂的数据结构，如使用指针构造链表、树、栈等。C语言的指针类型是学习的重点和难点。通过指针可以直接对内存操作，指针作为函数参数可以实现一次函数调用返回多个值。

（4）具有结构化特征，以函数组织程序。结构化语言的显著特点是代码及数据分离，即程序的各个部分除了必要的信息交流外彼此独立。这种结构化方式使程序层次清晰，便于使用、维护以及调试。C语言具有多种循环、条件语句控制程序流程，从而使程序完全结构化。C语言是以函数组织程序的，这些函数可方便地调用。C语言程序的函数化结构使得C语言程序非常容易实现模块化，因此，函数可作为C语言程序的模块单位。

（5）程序设计自由度大。C语言语法比较灵活，它允许直接访问物理地址，对硬件进行操作，因此它既具有高级语言的功能，又能够像汇编语言一样对位、字节和地址进行操作，而这三者是计算机最基本的工作单元，因此可用来写系统软件。

（6）生成目标代码质量高。C语言编译系统生成的目标代码一般只比汇编程序生成的目标代码效率低10%～20%。

（7）适用范围广。C语言有一个突出的优点就是适用于各种操作系统和各种型号的计算机。

本 章 小 结

本章主要按照软件工程的思想完成了学生成绩管理系统项目的需求分析和设计，以及项目开发环境的配置。项目开发环境配置包括环境的安装以及使用，在使用环境的过程中学生掌握了C语言程序从编写源码、然后编译、连接和执行的开发全过程。

（1）软件工程的概念以及软件开发流程，软件开发流程包括软件系统的可行性研究、需求分析、概要设计、详细设计、编码和测试。

（2）软件设计包括概要设计和详细设计。概要设计就是设计软件的结构，包括组成模块，模块的层次结构，模块的调用关系，每个模块的功能等。同时，还要设计该项目的应用系统的总体数据结构，以及要存储什么数据，这些数据是什么样的结构，它们之间有什么关系。详细设计就是为每个模块完成的功能进行具体的描述，要把功能描述转变为精确的、结构化的过程描述。

（3）程序设计是指面对一个需解决的实际问题，设计适合于计算机的算法，并利用程序设计语言写出算法，成为程序，运行程序，此问题得以解决。程序设计语言是用来表达算法，具备特定语法规则的语句（指令）集合。程序是解决特定问题所需的语句集合。

C语言是一种程序设计语言。C语言具有语法简洁、紧凑,使用方便、灵活,具有丰富的运算符和数据类型,并且能够通过函数实现模块化等特点。

(4) Microsoft Visual Studio 2010 是一个功能强大的可视化软件开发工具,是集编辑、编译、连接、执行于一体的集成开发环境。我们使用它来编辑、编译、连接和执行 C 语言程序。"学生成绩管理系统"就使用该集成开发环境来开发。

(5) 通过项目需求阶段的调研,培养学生注重客户隐私,提高信息安全意识和知识产权保护意识。

(6) 培养学生在团队开发过程中要遵循软件行业的项目管理和研发规范,如编写代码的注释占程序代码的比例至少达到 20% 左右。

(7) 引导学生遇到问题时能够自主查阅学习资料,以提高分析问题和解决问题的能力。

(8) 在团队合作中,培养学生具备良好的沟通交流能力和团队协作精神。

(9) 在项目研发和学习过程中,培养学生的劳动意识,对授课场所或学习区域进行打扫整理、收纳整理,养成良好的劳动习惯。

能 力 评 估

1. 根据调研结果,并查阅资料,给出"学生成绩管理系统"项目的需求规格说明书。
2. 根据调研结果,并查阅资料,给出"学生成绩管理系统"项目的概要设计说明书。
3. 根据调研结果,并查阅资料,给出"学生成绩管理系统"项目的详细设计说明书。
4. 自行安装 Microsoft Visual Studio 2010,准备进行项目开发。
5. 安装 Microsoft Visual Studio 2010 后,使用该环境完成如下 C 程序(求任意两个整数的最大值)的编码、调试、运行。

```c
//求任意两个整数的最大值
#include <stdio.h>                    //预处理指令
void main()    //main 函数
{
    int  x , y , max;                 //定义变量
    printf("请输入两个整数的值\n");    //提示输入
    scanf("%d%d", &x , &y);           //从键盘输入 x,y 的值
    max = x ;                         //假设 x 为最大值
    if(max < y)                       //如果 max 比 y 小
        max = y ;                     //y 为最大值
    printf("max(%d,%d) = %d", x , y , max);  //输出最大值
}
```

6. 查阅资料,了解各类编程语言,并谈一谈 C 语言具有哪些特点。

第 2 章　项目的数据定义及运算

在第 1 章中,通过对学生成绩管理系统项目进行需求分析,爱思科技虚拟公司的开发团队基本明确了用户需求和项目的功能模块。根据项目整体功能模块图和用例图,项目经理周老师为团队统计出管理员角色功能包括班级成绩添加、班级成绩浏览、班级成绩统计(求最高分、最低分、平均分、及格率、各分数段所占比例)、班级成绩排序等;学生角色功能包括成绩查询(按学号查询成绩、按姓名查询成绩)。接下来开始逐步实现该项目。在本章中,通过对数据定义与运算的知识学习和技能实践,开发团队可以在 Visual Studio 2010 环境中完成学生成绩管理系统的数据定义和运算,从而保障项目的按期完成。

工作任务

- 任务 2.1　数据定义
- 任务 2.2　数据运算

学习目标

知识目标

(1) 掌握数制的概念。
(2) 掌握标识符与命名规范。
(3) 掌握 C 语言基本数据类型的定义。
(4) 掌握运算符与表达式的使用。

能力目标

(1) 能够掌握项目所需数据类型的定义以及基本运算的实现。
(2) 能够熟练使用 C 语言中的数据类型和数据运算进行应用。
(3) 能够培养良好的 C 语言命名规范和代码对齐规范的能力。

素质目标

(1) 培养学生注重编程规范,养成严谨的职业精神。
(2) 培养学生在编程过程中精益求精的专业精神。
(3) 培养学生具备良好团队协作精神,注重协作效率。
(4) 让学生在程序编写、测试、完善的过程中,具备工匠精神和创新精神。

任务2.1 数据定义

任务描述与分析

周老师通过对学生成绩管理系统项目进行需求分析,确立了项目整体功能,绘制出项目整体功能图和用例图。为了实现学生成绩管理系统这个项目的各项功能,我们需要定义数据来存放30名学生的C语言程序设计课程的成绩、最高分以及最低分等数据,并对这些数据进行运算,比如求班级的平均分、班级的及格率等。

周老师要求定义数据时,数据名要规范,数据类型要准确、严谨,数据运算要符合C语言的语法和规范。所以,大家一定要有细致的学习习惯和严谨踏实的学习态度。

要完成这个任务,周老师要给项目组的同学们分析一下需要掌握哪些知识。

首先,需要定义数据来存放30名同学的C成绩,由于数据是存放在计算机的内存中,而内存中是以二进制来表示数据的,因此必须学习计算机中的数制。其次,不同的数据类型在内存中的存放形式不同,因此要确定用哪种数据类型来存储数据。因此,需要掌握C语言数据类型的相关知识。有了数据,要实现求平均分、及格率等功能,需要对数据进行运算,因此,必须掌握C语言的运算符及其表达式的相关知识与技能。

相关知识与技能

2.1.1 数制

1. 数制的概念

数制是数值的表示规则。常用的数制有十进制、二进制、八进制、十六进制。其中,人们日常用的数制是十进制,而计算机中存储的是二进制数据。在软件系统中,以上数制都是常用的。数制及其转换在很多场合都需应用,所以,应该正确理解。

十进制数中的10分别用二进制、八进制、十六进制表示如下。

十进制:10。

二进制:1010。

八进制:12。

十六进制:A。

2. 数制中的三个基本概念

1) 数位

十进制:0、1、2、3、4、5、6、7、8、9。

二进制:0、1。

八进制:0、1、2、3、4、5、6、7。
十六进制:0、1、2、3、4、5、6、7、8、9、A、B、C、D、E、F。
2) 位权

位权是指每位所代表的权重。设用 i 表示数位,个位为1,下1位为2,以此类推,用 R 表示数制,如10、2、8、16。则位权公式为 R^{i-1}。

例如,十进制中11,个位的位权为1,十位的位权为10。

3) 数值

数值按位权展开,例如:

$$(1234)_{10} = 1 \times 10^3 + 2 \times 10^2 + 3 \times 10^1 + 4 \times 10^0$$

$$(1001)_2 = 1 \times 2^3 + 0 \times 2^2 + 0 \times 2^1 + 1 \times 2^0$$

3. 数制之间的转换

1) 二进制与八、十六进制之间的转换

(1) 八进制与二进制:1位八进制数转化为3位二进制数,反之亦然。

0	1	2	3	4	5	6	7
000	001	010	011	100	101	110	111

(2) 十六进制与二进制:1位十六进制数转化为4位二进制数,反之亦然。

0	1	2	3	4	5	6	7
0000	0001	0010	0011	0100	0101	0110	0111
8	9	A	B	C	D	E	F
1000	1001	1010	1011	1100	1101	1110	1111

2) 其余进制与十进制之间的转换

(1) 二进制、八进制、十六进制向十进制的转换:利用数值计算公式。

【例2-1】 将下列各数值转换为十进制数。

十进制数 $12 = 1 \times 10^1 + 2 \times 10^0 = 12$(十进制)

二进制数 $1010 = 1 \times 2^3 + 0 \times 2^2 + 1 \times 2^1 + 0 \times 2^0 = 10$(十进制)

八进制数 $12 = 1 \times 8^1 + 2 \times 8^0 = 10$(十进制)

十六进制数 $1A = 1 \times 16^1 + A \times 16^0 = 26$(十进制)

(2) 十进制向二进制、八进制、十六进制转换:除以2/8/16取余,自下而上取余数。

【例2-2】 将十进制数13转换为二进制、八进制、十六进制数。

将13分别除以2/8/16取余,自下而上取余数,得 $(13)_{10} = (1101)_2$。

```
2 | 13
2 |  6   1
2 |  3   0
   |  1   1
```

验证：$1101 = 1 \times 2^3 + 1 \times 2^2 + 1 \times 2^0 = 13$。

十进制 13 转换为八进制数为 15。

验证：$15 = 1 \times 8^1 + 5 \times 8^0 = 13$。

十进制 13 转换为十六进制数为 D。

验证：$D = 13 \times 16^0 = 13$。

2.1.2 标识符与命名规范

1. 标识符

在 C 语言中，标识符是用来标识变量、函数名、数组名、自定义类型名(结构体类型、共用体类型和枚举类型)、自定义函数、标号和文件等的有效字符序列。

2. 标识符的命名规则

(1) 标识符由字母、数字和下画线组成。
(2) 标识符必须以字母或下画线开头。
(3) 字母大小写敏感。
(4) 用户标识符不能和 C 语言中的关键字相同。
(5) 标识符的最大长度根据编译器不同而不同，如在 VC++ 6.0 中，标识符的最大长度为 64。

3. 标识符的分类

C 语言中，标识符可分为以下三类。

1) 关键字标识符

C 语言中的关键字共有 32 个，它们已有专门的含义，不能用作其他标识符。根据关键字的作用，可将其分为数据类型关键字、控制语句关键字、存储类型关键字和其他关键字四类。

(1) 数据类型关键字(12 个)：char, double, enum, float, int, long, short, signed, struct, union, unsigned, void。
(2) 控制语句关键字(12 个)：break, case, continue, default, do, else, for, goto, if, return, switch, while。
(3) 存储类型关键字(4 个)：auto, extern, register, static。
(4) 其他关键字(4 个)：const, sizeof, typedef, volatile。

2) 预定义标识符

预定义标识符是指 C 语言提供的库函数名和预编译处理命令等。

3) 用户自定义标识符

用户在编程时，要给一些变量、函数、数组、文件等命名，将这类由用户根据需要自己定义的标识符称为用户自定义标识符。

4. C语言命名规则

常用的命名规则有 Pascal 和 Camel 两种。

（1）Pascal 大小写规则：该规则约定在变量中使用的所有单词的第一个字符都大写，并且不使用空格和符号，如 AddUser、GetMessageList。

（2）Camel 大小写规则：该规则约定在变量中使用的第一个单词的字母全小写，其余单词的首字母都大写，如 addUser、getMessageList。

5. C语言命名约定

根据《软件开发行业规范》，团队合作开发项目时，需要遵循以下的命名约定。
（1）项目名和文件名推荐使用 Pascal 大小写规则。
（2）函数名和变量名推荐使用 Camel 大小写规则。
（3）常量推荐使用全大写字母及下画线。

2.1.3 常量

常量是指在程序执行过程中，其值不会发生变化的量。常量可分为字面常量和符号常量。

1. 字面常量

字面常量又称为直接常量，举例说明如下。
整型常量：12、0、-3。
实型常量：4.6、-1.23。
字符常量：'a'、'B'、'l'。
字符串常量："abc"。

2. 符号常量（宏）

符号常量用一个标识符代表一个常量，又称为宏，定义格式如下。

＃define　标识符　常量

＃define 是一条预处理指令（预处理指令都以"＃"开始，又称为宏定义），其功能是把该标识符定义为其后的值。一经定义，以后在程序中出现该标识符的地方都用后面的常量代替。

2.1.4 变量

在程序运行过程中，其值可以被改变的量称为变量。

1. 变量三要素

（1）变量名：每个变量都必须有一个名字，即变量名。

(2) 变量值：在程序运行过程中，通过变量名来引用变量的值。

(3) 变量的存储单元及其地址：变量值存储在内存中；不同类型的变量，占用的内存单元(字节)数不同；存储单元的首地址既变量的地址。

2. 变量的命名规则

变量名由字母、数字、下画线组成，以字母或下画线开头，不能与关键字相同。注意C语言大小写敏感；习惯上用Camel命名法；要做到"见名知意"。

3. 变量的定义与初始化

在C语言中，要求对所有用到的变量，必须先定义后使用。在定义变量的同时，进行赋初值的操作称为变量初始化。

定义变量的一般格式如下。

数据类型　变量名1[= 初始值], 变量名2, …;

例如：

```
int i, j, k;         /*定义i,j,k为整型变量*/
long m, n;           /*定义m,n为长整型变量*/
float r, l, area;    /*定义r,l,area为实型变量*/
char ch1,ch2;        /*定义ch1,ch2为字符型变量*/
```

2.1.5　C语言中的数据类型

1. 整型数据

1) 整型变量的分类。

(1) 有符号基本整型：[signed] int。

(2) 无符号基本整型：unsigned [int]。

(3) 有符号短整型：[signed] short[int]。

(4) 无符号短整型：unsigned short [int]。

(5) 有符号长整型：[signed] long [int]。

(6) 无符号长整型：unsigned long [int]。

无符号和有符号的区别是：无符号数的所有二进制数位都用来存放数字(无符号数均为正数)；有符号数的首位则用来存在符号，0为正，1为负。

2) 整型常量四种表示形式。

(1) 十进制整常数：由数字0～9和正(＋)负(－)号组成。例如，237、－568、65535、1627是合法十进制整常数；023、23D是不合法十进制整常数。

在程序中是根据前缀来区分各种进制数的。

(2) 八进制整常数：由数字0～7组成，在常量前加0，通常表示无符号数。例如，

31

015、0101、0177777 是合法八进制整常数；256、03A2 是不合法八进制整常数。

（3）十六进制整常数：由数字 0~9 和 A~F(a~f)组成，在常量前加 0x(或 0X)，通常也表示无符号数。例如，0X2A、0XA0、0XFFFF 是合法十六进制整常数；5A、0X3H 是不合法十六进制整常数。

3) 整型变量分类

各类整型变量所分配的内存字节数和表示范围如表 2-1 所示。

表 2-1 整型变量

变 量 类 型	类型标识符	占用内存空间大小/字节
基本整型	int	2
无符号基本整型	unsigned [int]	2
短整型	short [int]	2
无符号短整型	unsigned short [int]	2
长整型	long [int]	4
无符号长整型	unsigned long [int]	4

4) 整型变量的定义

例如：

```
int main() {
    int a , c = 230 ;
    long  b;
    a = 12 ;
    b = 24L;
    getchar();
    getchar();
    return 0;
}
```

2. 实型数据

1) 实型常量

实型常量即实数，在 C 语言中又称浮点数，其值有两种表达形式：小数形式和指数形式。

（1）小数形式：由数字和小数点组成，形如 3.14159、9.8、−12.567。

（2）指数形式（科学记数法）：形如 3.05E+5、−1.2342e−12。

注意：字母 e 或 E 之前必须要有数字；字母 e 或 E 之后的指数必须为整型；在字母 e 或 E 的前后以及数字之间不得插入空格。例如，e6、−2.432E0.5、5.234125e(3+6)、2.543543E13 是不合法的实型常量。

2) 实型变量的定义

例如：

```
float a, b = 3.13145;
double x, y = -4.6456;
```

3) 实型变量分类

C 语言实型变量分为单精度型(float)和双精度型(double),如表 2-2 所示。

表 2-2 实型变量

变量类型	类型标识符	占用内存空间大小/字节
单精度型	float	4
双精度型	double	8

3. 字符型数据

1) 字符常量

用一对单引号括起来的单个字符称为字符常量,如'A'、'6'、'+'等。C 语言还允许使用一种特殊形式的字符常量,就是以反斜杠"\"开头的转义字符,该形式将反斜杠后面的字符转变成另外的意义,因而称为转义字符,如表 2-3 所示。

表 2-3 C 语言转义字符表

转义字符	含 义	转义字符	含 义
\0	空字符(NULL)	\f	换页符(FF)
\n	换行符(LF)	\'	单引号
\r	回车符(CR)	\"	双引号
\t	水平制表符(HT)	\\	反斜杠
\v	垂直制表符(VT)	\ddd	三位八进制数表示的字符
\a	响铃(BEL)	\xhh	二位十六进制数表示的字符
\b	退格符(BS)		

2) 字符变量

字符变量的类型关键字为 char,占 1 个字节内存单元。

字符变量的定义示例如下。

```
char ch1 , ch2 ;
ch1 = 'a' ;
ch2 = 'b';
```

3) 字符变量的存储形式

字符变量中实际存储的是该字符的 ASCII 值(无符号正数),因此,字符数据可以参与整型数据的运算,其实就是其 ASCII 值参与运算。ASCII 是美国标准信息交换用代码的简称,是字符在计算机内的二进制编码标准。

例如,32+'a'相当于 32+97,因为'a'的 ASCII 值为 97。

4. 字符串常量

1) 字符串概念

字符串常量是用一对双引号括起来的若干字符序列,如"hello world"、"china"。

2) 字符串长度

字符串中所含字符的个数称为字符串长度。长度为 0 的字符串(即一个字符都没有的字符串)称为空串,表示为" "(一对紧连的双引号)。

以下定义是错误的:

char c; c = "a";

说明:C 语言中没有专门的字符串变量,字符串变量可用字符数组来表示。

3) 字符串的存储

C 语言规定,在存储字符串常量时,由系统在字符串的末尾自动加一个\0 作为字符串的结束标志。注意,在源程序中书写字符串常量时,不必加结束字符\0,系统会自动加上。

字符串"CHINA"在内存中的实际存储为 | C | H | I | N | A | \0 |

任务实施

2.1.6 系统数据定义

通过以上知识的学习,每个项目组就可以开始实施学生成绩管理系统中数据的定义。由于班里有 30 名同学,为了系统后期的维护,可以定义一个符号常量来代替 30,如果后期班级人数变化,只需要修改符号常量代替的数值,而不要修改程序中每一处出现 30 的地方;再定义存放最高分以及最低分的变量,由于成绩都是整数,因此应定义为 int 类型;为了实现学生成绩管理系统,还需要定义存放平均分以及及格率的变量,由于平均分和及格率都是带有小数的,因此,应该将这两个变量定义为 double 类型。

(1) 班级中有 30 名同学,定义符号变量来表示常数 30。

#define N 30

(2) 对班级成绩求最高分功能中的变量定义。由于 30 名同学的成绩都是整数,因此最高分也是整型数据,因此应定义为 int 型。

int max;

(3) 对班级成绩求最低分功能中的变量定义。由于 30 名同学的成绩都是整数,因此最低分也是整型数据,因此应定义为 int 型。

int min;

(4) 对班级成绩求平均分功能中的变量定义。由于平均分是小数形式,因此应定义为 double 型。

double average;

(5) 对班级成绩求通过率功能中的变量定义。由于通过率是小数形式,因此应定义为 double 型。

```
double passage;
```

由此,就完成了学生成绩管理系统中的数据定义。

 任务拓展

2.1.7 圆的 C 语言定义

在现实生活中,经常需要计算任意一个圆的面积和周长,比如,在设计一个圆形舞台或建设一个圆形建筑的时候。实现该任务,需要哪些数据?如何定义这些数据?

分析:此程序需要 3 个变量,其中 1 个变量来存放需输入的半径,另两个变量来存放面积和周长。3 个变量都是实型数据。

变量定义如下。

```
float r;
double   area, circumference;
```

常量定义如下。

```
#define PI 3.1415926
```

任务2.2 数 据 运 算

 任务描述与分析

通过任务2.1的实施,项目组完成了"学生成绩管理系统"中所需数据的定义。基于项目需求分析及功能图,"学生成绩管理系统"需要实现求最高分、最低分、平均分、及格率、排序等功能,那么需要对任务2.1中定义的数据进行运算。接下来周老师要求各个项目组设计求最高分、最低分、平均分、及格率等功能中使用的运算符及表达式。

要完成这个任务,周老师要给项目组的同学们分析一下需要掌握哪些知识。数据要参与运算,那么必须掌握C语言运算符以及表达式的相关知识与技能,C语言的运算符主要包括算术运算符、关系运算符、逻辑运算符及其他运算符。

 相关知识与技能

2.2.1 算术运算符

C语言中的算术运算符如表 2-4 所示。

表 2-4 算术运算符

运算符	功能	运算对象	运算结果	优先级	结合性
+、-	正、负	整型或实型	整型或实型	1	自右向左
*	乘	整型或实型	整型或实型	2	自左向右
/	除				
%	求余	整型	整型		
+	加	整型或实型		3	
-	减				

说明：
(1) 两个整数相除结果为整数,1/2 的结果为 0。
(2) 取余两边的数只能是整数,1%2 的结果为 1。

2.2.2 关系运算符

C 语言中的关系运算符如表 2-5 所示。

表 2-5 关系运算符

运算符	功能	运算对象	运算结果	优先级	结合性
>	大于	整型、实型或字符型	若关系成立,结果为 1 若关系不成立,结果为 0	1	自左向右
<	小于				
>=	大于或等于				
<=	小于或等于				
==	等于			2	
!=	不等于				

说明：关系运算符的优先级低于算术运算符。6+5>5>4 的结果为 0,因为 6+5 的结果等于 11,11>5 的结果为真,就是 1；而 1>4 的结果为假,因此结果是 0。

2.2.3 逻辑运算符

C 语言中的逻辑运算符如表 2-6 所示。

表 2-6 逻辑运算符

运算符	功能	运算对象	运算结果	优先级	结合性
!	逻辑非	整型、实型或字符型	0 或 1	1	自右向左
&&	逻辑与			2	自左向右
||	逻辑或			3	

说明：
(1) C 语言中用 0 表示假,非 0 表示真(通常用 1 表示)。

(2) 对"表达式1&&表达式2",如果表达式1为假,则表达式2不会被计算。
(3) 对"表达式1||表达式2",如果表达式1为真,则表达式2不会被计算。

2.2.4 其他运算符

1. 自增、自减运算符

自增、自减运算符的作用是使变量的值增1或减1。结合性为自右向左,分为前置和后置两种。优先级与逻辑非(!)同级,运算对象必须是变量,不能是常量或表达式。

(1) ++i,--i:表示在使用i之前,先使i的值加(减)1。
(2) i++,i--:表示在使用i之后,再使i的值加(减)1。

2. 赋值运算符和赋值表达式

复合赋值运算符有+=、-=、*=、/=等。
(1) a*=b等同于a=a*b。
(2) a*=b+8等同于a=a*(b+8),因为算术运算符优先级高。

3. 逗号运算符和逗号表达式

","是C语言中的一种特殊运算符,在所有的运算符中,它的优先级是最低的,结合性自左向右。

由逗号运算符组成的表达式称为逗号表达式,其值为最后1个表达式的值。它的一般形式如下。

表达式1,表达式2,…,表达式n;

例如:

x = y = 6, x+y, y+1;

4. 条件运算符和条件表达式

"?:"是条件运算符,其一般形式如下。

表达式1?表达式2: 表达式3

首先计算表达式1,如果非0,则将表达式2的值作为条件表达式的值;如果表达式1的值为0,则将表达式3的值作为条件表达式的值。例如,若x=5,y=3,则(x>y)? x: y的值为5。

5. 强制类型转换运算符

它的功能是将表达式的结果强制转换成指定的类型。强制类型转换表达式的形式如下。

(强制类型名)(表达式)。

例如,(int)(10.5)的结果为 10。

整型、实型、字符型数据可以进行混合运算。在进行运算时,应先把不同类型的数据转换为同一类型,然后进行运算。转换规则如图 2-1 所示。

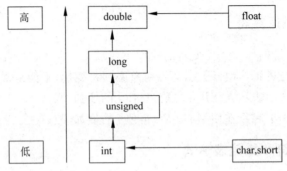

图 2-1 不同数据类型运算转换规则

2.2.5 C语言运算符的优先级和结合性

C语言运算符的优先级和结合性如表 2-7 所示。

表 2-7 运算符的优先级和结合性表

运 算 符	优先级	结合性
() [] . ->	1	左
! + - ++ -- & * sizeof	2	右
* / %	3	左
+ -	4	左
<<= >>=	5	左
== !=	6	左
& &	7	左
||	8	左
?:	9	右
= += -= *= /= %=	10	右
,	11	左

2.2.6 设计表达式

通过以上知识的学习,项目组可以开始实施学生成绩系统中求最高分、最低分、平均分、通过率、对班级成绩进行排序以及成绩查询等功能的任务了。接下来利用本任务的知识点来分析和设计求最高分、最低分、平均分、通过率、成绩排序、成绩查询等功能中所需的运算符及表达式。

(1) 对班级成绩求最高分功能中的运算符及表达式。求最高分,需将最高分 max 与 30 名同学的成绩一一进行比较,若某个学生成绩大于 max,应将该学生成绩赋给 max,因此实现该功能需用到比较运算符＞以及赋值运算符＝。

(2) 对班级成绩求最低分功能中的运算符及表达式。求最低分,需将最低分 min 与 30 名同学的成绩一一进行比较,若某个学生成绩小于 min,应将该学生成绩赋给 min,因此实现该功能需用到比较运算符＜以及赋值运算符＝。

(3) 对班级成绩求平均分功能中的运算符及表达式。求平均分,需将 30 名同学的成绩相加并除以 30,因此实现该功能需用到算术运算符＋以及/。

(4) 对班级成绩求及格率功能中的运算符及表达式。求通过率,需将 30 名同学的成绩一一与 60 比较,统计及格人数,并除以总人数,因此实现该功能需用到算数运算符＋、＞以及/。

(5) 对班级成绩排序功能中的运算符及表达式。成绩排序,需将 30 名同学的成绩进行比较和赋值,因此实现该功能需用到算数运算符＞＝、＜＝以及＝。

(6) 对学生成绩查询功能中的运算符及表达式。成绩查询,需将查询同学的学号或姓名与所有学生进行比较,因此实现该功能需用到算数运算符＝＝。

2.2.7 交换两杯水

【任务描述】 试将甲、乙两个杯中的水进行交换。

【任务分析】 交换两个杯子中的水类似于交换两个变量的值。假设有 2 个整型变量 a,b,分别初始化,需要定义第 3 个变量 temp,辅助交换。先将变量 a 中的值赋值给 temp,再将变量 b 中的值赋给 a,最后将 temp 的值赋给 b,最终完成交换。

【实施代码】

```
int a = 3, b = 9;
int temp;
temp = a;
a = b;
b = temp;
```

以上代码中,主要通过＝赋值运算符完成赋值。注意赋值运算符是将＝右边的值赋给＝左边的变量,从而覆盖左边变量的值。

2.2.8 计算圆的面积和周长

【任务描述】 计算任意圆的面积和周长。

【任务分析】 在 2.1.6 小节中,已经完成了该任务数据的定义。接下来只需要完成计算。

【实施代码】

```
#define PI 3.1415926
float  r;
double area, circumference;
area = PI * r * r;
circumference = 2 * PI * r;
```

在以上代码中,主要通过乘法运算符 * 完成圆的面积和周长公示的计算。可以使用连乘两次方式实现平方的计算。

2.2.9　水仙花数的条件

【任务描述】 试写出判断某三位数是否是水仙花数的表达式(若某三位数各位数字的立方和等于其本身,则该三位数是水仙花数)。

【任务分析】 要判断某数是否是水仙花数,首先应求该三位数的各位数字,然后求各位数字的立方和,再进行判断。

设此数存放在整型变量 x 中,变量 b 表示百位数,变量 s 表示十位数,变量 g 表示个位数,则求各位数字的 C 语言表达式如下。

```
b = x/100;          //百位数
s = x%100/10;       //十位数
g = x%10。          //个位数
```

【实施代码】

```
x = = b * b * b + s * s * s + g * g * g;
```

在以上代码中,利用/运算符的特点,两边都是整数结果取整,故可以得到该三位数的百位数;将/和%配合使用可以得到十位数;利用求余%运算符,可以得到个位数。判断某三位数是否为完数时,注意应使用 = = 运算符,表示等于运算,而 = 运算符表示赋值运算符。

2.2.10　闰年的条件

【任务描述】 判断任意一个年份是否是闰年。

【任务分析】 先定义一个整形变量 year,再判断这个 year 是否满足闰年条件。能被 4 整除但不能被 100 整除或者能被 400 整除的年份就是闰年。要写出这个判断表达式需要用到逻辑运算符和逻辑表达式。

【实施代码】

```
year % 4 = = 0&&year % 100! = 0 || year % 400 = = 0
```

在以上代码中,利用求余运算符%判断余数是否为 0,余数为零就是能被某数整除。

然后利用逻辑运算符来完整地表达判断闰年的规则：能被 4 整除但不能被 100 整除或者能被 400 整除。

此任务注意应使用==关系运算符，表示等于运算，而!=运算符表示不等于。

2.2.11　大小写字母转换

【任务描述】　判断一个字符是否是大写字母，若是，则改写成小写字母；否则不变。

【任务分析】　在 C 语言中，大小写字母转换利用的是 ASCII 值差，大小写字母的 ASCII 值相差 32，若将大写字母转小写字母，大写字母的 ASCII 值加 32 即为小写字母的 ASCII 值。

【实施代码】

ch=(ch>='A'&&ch<='Z')?(ch+32):ch,ch

在以上代码中，利用条件运算符进行大小写转换。判断是否为大写字母时，利用逻辑运算符 && 连接两个条件表达式。

本 章 小 结

本章主要实现了学生成绩管理系统中数据定义和算术运算符的应用，为后续实现该项目的各功能打下了基础。通过本章的学习和实践，学生应该基本掌握了程序设计基本概念和进制、标识符与命名规范、C 语言基本数据类型的定义以及运算符与表达式的使用。其中，C 语言基本数据类型的定义是本章的重点，需要学生都能熟练掌握；运算符与表达式的使用是本章的难点，需要通过自己的项目实践，多练，多做，多积累经验，这样才能达到熟能生巧的程度。

（1）数制的概念。数制是数值的表示形式。数制中有三个基本概念：数位、位权和数值。由于数据在内存中是以二进制形式存放的，因此，必须掌握数制的概念。

（2）标识符的命名规则。标识符由字母、数字和下画线组成；标识符以字母或下画线开头；C 语言字母大小写敏感；用户标识符不能和 C 语言中的关键字相同；在本模块的变量定义时，应严格遵循命名规则。

（3）算术运算符与算术表达式。算术运算符包括＋、－、*、/、%等。在后续模块的实施中，要利用＋、－以及/运算符，对学生成绩进行求平均分、各分数段所占比率统计等操作。

（4）关系运算符与关系表达式。关系运算符包括>、>=、<、<=、==、!=等，由关系运算符和运算对象组成的式子是关系表达式。在后续模块的实施中，要使用关系运算符，可以实现学生成绩管理系统中求最高分、最低分等功能。

（5）赋值运算符和赋值表达式。赋值运算符＝要与等于运算符==区别开来。在后续模块的实施中，可以使用赋值运算符实现学生成绩管理系统中成绩排序功能中数据的交换。

(6) 条件运算符和条件表达式。?：是条件运算符,其一般形式为"表达式1？表达式2：表达式3"。

　　(7) 其他运算符。其他运算符有自增、自减运算符、逗号运算符和强制类型转换运算符,尤其要注意它们的优先级和结合性。

　　(8) 在数据定义学习过程中,培养学生养成良好的命名规范和代码对齐规范,遵循行业项目开发规范。引入《软件工程师职业素养规范》《软件开发行业规范》等资源,引导学生树立正确的职业方向,提高职业素养。

　　(9) 学生在学习的过程中不仅要有清晰的数学思维,还要培养严谨的程序设计思维,将数学中的数据定义和运算符等知识迁移到程序设计中。通过现实生活中有趣的案例为他们创造创新的学习平台,培养学生的创新能力。

　　(10) 引导学生自主学习,培养纠错能力,并提高解决问题的能力。

　　(11) 在团队合作中,培养团队协作精神,注重合作效率的提高。

能 力 评 估

1. 将十进制数120,分别转化为二、八、十六进制形式,并验证其正确性。
2. 查阅相关资料说明十进制基本整型数据38和－38在计算机内部的表示方法。
3. 字符串"tfn\n\t123"的长度与所占内存空间大小分别是多少?
4. 若有以下语句:

```
#define N  5
    #define Y(n)  ((N+2)*n)
```

则执行语句 z＝3*(N＋Y(3＋1));后 z 的值是多少?

5. 设计以下程序的数据结构:求圆的面积和周长。
6. 查阅ASCII表,写出将大写字母转换为小写字母的表达式。
7. 写出能表述 x＞100 或 20＜x＜50 的 C 语言表达式。
8. 表达式 23＞16＆＆12||2 的值是多少? 表达式(23＞16＆＆12)＋2 的值是多少?
9. 若 a＝12,则执行语句 a＋＝a－＝a*a 后 a 的值是多少?
10. 若 a＝1,b＝2,c＝3,d＝4,则执行语句＋＋a＜b＋＋＆＆(＋＋d,c＋＝d)后 a,b,c,d 的值是多少?
11. 执行 int x＝4,y; y＝x－－;后 x 的值是多少? y 的值是多少?
12. 设 a＝1,b＝2,c＝3,d＝4,则表达式 a＞b? a:c＜d? a:d 的结果是多少?
13. 若有定义 char a; int b; float c; double d;则表达式 a*b＋d－c 的值的类型是多少?
14. 结合自身体会,描述数学公式与 C 语言中公式在写法上的不同。
15. 试自己设计数据结构和算法,判断某个整数是否为素数?

第 3 章　用户菜单设计

在第 2 章中,学习并掌握了"学生成绩管理系统"的数据定义和数据运算相关知识。接下来,本章开始搭建项目框架,完成项目的两级菜单的设计。项目中包含主菜单和子菜单(管理员用户和学生用户)。系统运行首先进入主菜单,通过选择进入相应用户的子菜单,再选择进入各项功能。由于菜单的选择应该具有重现性和循环性,因此,本章的主要任务就是完成主菜单和子菜单的循环显示和选择。为后面的学生成绩管理功能提供调用界面。部分难点以微课的形式展示,帮助读者理解。

工作任务

- 任务 3.1　主菜单显示
- 任务 3.2　主菜单选择
- 任务 3.3　子菜单选择
- 任务 3.4　菜单循环显示

学习目标

知识目标

(1) 掌握流程控制的顺序、选择和循环三大结构,并能够熟练画出算法流程图。
(2) 掌握顺序结构的输入/输出语句。
(3) 掌握分支结构的 if 语句和 switch 语句。
(4) 掌握循环结构的 while 语句和 do-while 语句。

能力目标

(1) 能够分解算法,并熟练画出算法流程图。
(2) 能够熟练掌握利用 if 和 switch 分支语句进行选择结构程序设计和应用的方法。
(3) 能够熟练掌握利用 while 语句进行循环结构程序设计和应用的方法。
(4) 能够对选择结构和循环结构进行综合应用。

素质目标

(1) 在系统界面设计过程中,培养学生的创新精神。
(2) 以袁隆平等榜样人物的生平事迹进行流程结构拓展,培养学生的奉献精神,理论联系实际、勤奋进取的务实精神,顾全大局、不计名利、甘为"人梯"的协作精神。
(3) 通过泡茶的流程,循序渐进地学习结构化程序设计,提高学生的文化素养。
(4) 培养学生树立正确的价值观和人生观。
(5) 培养学生举一反三、融会贯通的学习能力。

任务 3.1　主菜单显示

任务描述与分析

周老师要求每个项目组完成"学生成绩管理系统"的主菜单的显示。周老师要求大家发挥自己的想象力，让简单的界面呈现不一样的设计。基本的实现效果如图 3-1 所示。系统运行时，首先进入主菜单，主菜单有 3 个选项，分别代表管理员、学生和退出。

要完成这个任务，周老师要给项目组的同学们分析一下需要掌握哪些知识。

首先，程序开发前要了解算法流程图和基本的程序控制结构。在进行程序设计之前，要将解决这个任务的程序结构理清，并将算法描述出来，才能进行编码。

其次，本任务需要用到 C 语言中的格式化输出语句。

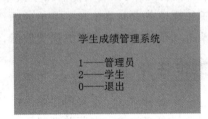

图 3-1　主菜单显示

相关知识与技能

3.1.1　算法和程序结构

程序设计就是面对一个需解决的实际问题时，能够设计适合于计算机运行的算法，并利用程序设计语言（如 C 语言）写出算法，成为程序，运行程序，此问题得以解决。程序是解决特定问题所需的语句集合。算法是为解决某个特定问题而采取的确定有效的步骤。描述算法可以采用自然语言法、伪代码法、流程图表示法、高级语言表示法。下面介绍传统流程图的算法描述方法。

传统流程图符号如图 3-2 所示。

图 3-2　传统流程图符号及功能

基本的程序结构有以下 3 种。

(1) 顺序结构。语句顺序逐条执行，不发生流程转移，其流程图如图 3-3 所示。

(2) 选择结构。根据条件是否成立选择某一段程序执行，其流程图如图 3-4 所示。

(3) 循环结构。根据循环条件重复执行循环体代码，其流程图如图 3-5 和图 3-6 所示。

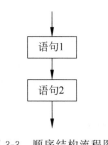
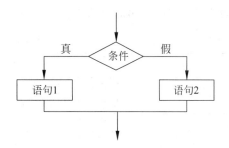

图 3-3　顺序结构流程图　　　　　图 3-4　选择结构流程图

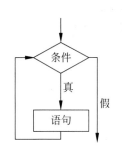

图 3-5　循环结构流程图——当型循环　　图 3-6　循环结构流程图——直到型循环

循环结构分为两种。图 3-5 所示的循环称为当型循环。首先判断条件是否满足,如果满足条件,则执行循环体语句,否则退出循环。图 3-6 所示的循环称为直到型循环,不管条件是否满足,先执行循环体语句,再进行条件判断,如果满足继续循环,不满足则退出循环。

程序设计算法基于日常逻辑,由于计算机擅长大量的重复计算,引入了循环和判断等结构,程序设计算法往往更简洁。

3.1.2　格式化输出语句

1. 格式化输出函数 printf()

printf()函数的作用是向系统指定的输出设备输出数据。

printf()函数的语法格式如下。

printf("格式控制字符串",输出项列表);

其中,输出项列表可以是常量、变量、表达式、函数调用等。格式控制字符串一般包含两部分:格式控制符和其余字符。格式控制符是以％开头的字符串,控制输出数据的类型和格式。其余字符指原样输出的提示字符串,有几个％,就有几个输出项。

思考:语句 printf("x=％d,y=％d\n",x,y);中,哪些是格式控制符,哪些是提示字符串? 将输出什么?

表 3-1 列出了常用的格式字符。

表 3-1 格式字符

格式字符	说明
%d,i	输出带符号的十进制数(正数不带符号)
%u	输出无符号的十进制数
%o	输出无符号的八进制数(不输出前导符 0)
%x,X	输出无符号的十六进制数(不输出前导符 0x)
%c	以字符形式输出 1 个字符
%s	输出 1 个字符串(到第 1 个 '\0' 为止)
%f	输出小数形式的实数(默认输出 6 位小数)
%e,E	输出指数形式的实数(默认输出 6 位小数)
%g,G	输出%f 和%e 中宽度较短的,不输出无意义的 0
%p	输出指针地址
%%	输出%

附加的输出用格式字符如表 3-2 所示。

表 3-2 附加格式字符

附加字符	说明
+	输出的数字总带+或-号
-	输出的数据在所在域中左对齐
l	输出长整型
m	输出数据的最小宽度
.n	输出数据中小数点后的位数
#	使输出的八或十六进制数带前导 0 或 0x

2. 字符输出函数

字符输出函数为 putchar(ch),可以向终端输出 1 个字符,与 printf()的%c 格式输出无区别。

例如:

putchar('y'); putchar('\n'); putchar(ch); putchar('0xa');

3. 字符串输出函数

字符串输出函数为 puts(字符串常量/字符串地址),可以将字符串内容输出,直至'\0',并且自动换行。

例如,printf("%s","I am a good student");语句可以输出字符串"I am a good student",但不会自动换行。

puts("I am a good student");语句也可以输出字符串"I am a good student",但会换行。

3.1.3 空语句和复合语句

1. 空语句

空语句只有一个";",语句为空,不执行任何操作,但在构成程序结构或调试阶段,还是很有用的。

2. 复合语句

多于1条的语句用{}括起来,称为复合语句。复合语句在语法上等同于1条语句,凡是单条语句出现的地方,都可以出现复合语句,大大增强了程序的处理能力。在复合语句内部可以包含任何数据结构定义和其他语句,在其内部定义的变量只在此复合语句内起作用。

3. 注释

注释是为了使编码人员和其他读者更好的理解程序,在程序中写的注解。
//:用于单行注释。
/*...*/:用于多行注释,或块注释。
注释的内容是不进行编译和运行的,因此注释有两个作用:对程序进行注解;屏蔽不需执行的代码。

3.1.4 主菜单显示

通过以上知识的学习,项目组就可以实施主菜单显示的任务了。在 main() 函数中添加代码来完成。用 4 条 printf 语句输出提示字符串(3 个选择),注意各行的对齐方式。
具体代码如下。

```
int main()
{
    //主菜单的显示
    printf("\t\t    学生成绩管理系统\n\n");
    printf("\t\t    1——管理员\n");
    printf("\t\t    2——学生\n");
    printf("\t\t    0——退出\n");
    printf("\n");
    printf("\n");
    getchar();
    getchar();
    return 0;
}
```

3.1.5 子菜单显示

根据主菜单的显示的实施过程完成管理员子菜单和学生子菜单的显示。

管理员菜单的各项如下。

(1) 班级成绩添加。

(2) 班级成绩浏览。

(3) 求最高分。

(4) 求最低分。

(5) 求平均分。

(6) 求各分数段所占比率。

(7) 成绩排序。

因此,管理员子菜单可以由 9 条 printf 语句输出提示字符串(8 个选择)。

具体代码如下。

```
int main()
{
    //管理员子菜单的显示
    printf("\t\t         管理员成绩管理功能\n\n");
    printf("\t\t         1——班级成绩添加\n");
    printf("\t\t         2——班级成绩浏览\n");
    printf("\t\t         3——最高分\n");
    printf("\t\t         4——最低分\n");
    printf("\t\t         5——平均分\n");
    printf("\t\t         6——各分数段所占比率\n");
    printf("\t\t         7——成绩排序\n");
    printf("\t\t         0——退出\n");
    getchar();
    getchar();
    return 0;
}
```

学生子菜单的选项只有查询成绩。因此,学生子菜单可以由 3 条 printf 语句输出提示字符串(2 个选择)。

具体代码如下。

```
int main()
{
    //学生子菜单的显示
    printf("\t\t    学生成绩管理功能\n\n");
    printf("\t\t    1——查询成绩\n");
    printf("\t\t    0——退出\n");
    getchar();
    getchar();
    return 0;
}
```

任务拓展

3.1.6 袁隆平的人生流程

【任务描述】 以杂交水稻之父袁隆平的人生轨迹为切入点,以袁隆平的一生作为流程主线,分析人生流程结构,画出他的人生流程图。按照年份梳理他的主要事迹和经历,列举重大人生选择时刻,以及为杂交水稻研究事业奋斗终身的职业选择,充分诠释生命不息,事业不止的职业精神。

【任务分析】 袁隆平先生的一生可以挖掘出怎样的流程结构,可以分别从求学经历、科研经历、典型事迹等方面进行分析,挖掘流程结构。

1. 求学经历

1930年9月7日,袁隆平出生于北京协和医院。

1931年至1936年,袁隆平随父母居住北平、天津、江西九江、江西赣州、湖北汉口等地。

1936年8月至1938年7月,袁隆平在汉口扶轮小学读书。

1938年8月至1939年1月,袁隆平在湖南省弘毅小学读书。

1939年8月至1942年7月,袁隆平在重庆龙门浩中心小学读书。

1942年8月至1943年1月,袁隆平在重庆复兴初级中学读书。

1943年2月至1944年1月,袁隆平在江西赣江中学读书。

1944年2月至1946年5月,袁隆平在重庆博学中学读书。

1946年8月至1948年1月,袁隆平在汉口博学中学读高中。

1947年暑假,袁隆平读高中一年级时获汉口赛区男子百米自由泳第一名;获湖北省男子百米自由泳第二名。

1948年2月至1949年4月,袁隆平在南京中央大学附中读高中。

1949年8月至1950年10月,袁隆平在重庆北碚夏坝的相辉学院农学系读书。

1949年8月至1953年8月,袁隆平在西南农学院农学系农作物专业学习。

1950年11月至1953年7月,院系调整并入重庆新建的西南农学院农学系,袁隆平续读3年至毕业。

1951年7月,袁隆平在西南农学院报名参加空军,体检、政审合格,后因在校大学生更需参加经济建设,而未入伍,继续留校学习。

对应的流程图如图3-7所示。

2. 水稻研究(文字资料)

袁隆平毕生致力于杂交水稻技术的研究、应用与推广。20世纪60年代初,米丘林、李森科遗传学说盛行,他视野开阔,通读外文资料,了解到了孟德尔、摩尔根现代遗传学理论研究的新动向,于是通过理论与实践相结合的研究,打开了杂交水稻"王国"的大门。

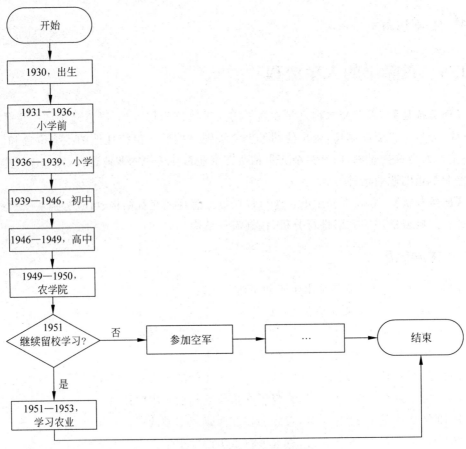

图 3-7 袁隆平求学经历流程图

(1) 袁隆平在中国率先开展水稻杂种优势利用研究。
(2) 袁隆平解决了三系法杂交稻研究中的三大难题。
(3) 袁隆平提出了杂交水稻的育种发展战略,即方法上由三系到两系再到一系,程序越来越简单而效率越来越高;杂种优势水平上由品种间到亚种间再到远缘杂种优势利用,优势越来越强,促使杂交水稻一步一步向新的台阶迈进。这一思路已被国内外同行采用,并成为杂交水稻育种发展的指导思想。
(4) 袁隆平解决了两系法中的一些关键技术难题。
(5) 袁隆平设计出了以高冠层、矮穗层和中大穗为特征的超高产株型模式和培育超级杂交稻的技术路线,并在超级杂交稻研究方面连续取得重大进展。

袁隆平先生水稻研究的科学研究经历流程图如图 3-8 所示。

3. 典型事迹

袁隆平带领助手李必湖于 1970 年 11 月 23 日在海南岛的普通野生稻群落中,发现一株雄花败育株,并用广场矮、京引 66 等品种测交,发现其对野败不育株有保持能力,这就为培育水稻不育系和随后的"三系"配套打开了突破口,给杂交稻研究带来了新的转机。

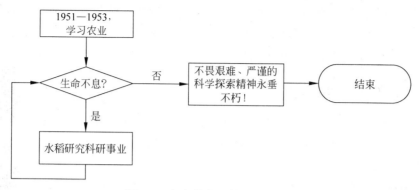

图 3-8 袁隆科学研究经历流程图

为了早日攻关成功,袁隆平毫不含糊、毫无保留地及时向全国育种专家和技术人员通报了他们的最新发现,并慷慨地把历尽艰辛才发现的"野败"奉献出来,分送给全国 18 个研究单位进行研究,协作攻克"三系"配套关,从而加快了协作攻关的步伐,使"三系"配套得以很快实现。

典型事迹的流程图如图 3-9 所示。

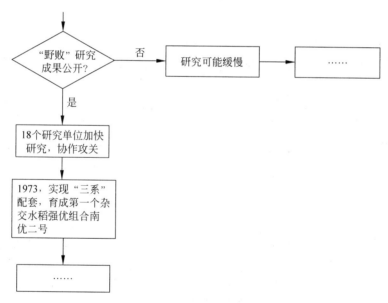

图 3-9 袁隆平典型事迹的流程图

通过分析袁隆平先生一生的经历,可以挖掘出人生流程结构,包含了顺序结构、选择结构和循环结构。很多流程往往不是由一种结构组成,而是三种结构的融合。要学会从描述中挖掘出合理的结构,并画出流程图。

3.1.7 泡茶的流程

【任务描述】 试画出泡工夫茶的流程结构。

【任务分析】 根据泡茶的流程,泡茶可以是顺序结构。根据茶叶的选择,泡茶的流程可以添加选择结构。根据茶汤颜色,泡茶的流程可以添加循环结构。因此,泡茶的流程应该是三种结构的融合。

1. 顺序结构——泡茶 v1

生活中泡工夫茶有一定的步骤。基本步骤包括①准备茶具;②温杯;③放茶;④洗茶;⑤冲泡;⑥品茶。这些步骤是有一定的先后顺序的,这就是一个典型的顺序结构。

按照泡茶的步骤就可以给出泡茶的算法流程图,如图 3-10 所示,按照顺序一步一步执行 6 个步骤。

微课:
顺序结构

2. 选择结构——泡茶 v2

微课:
选择结构

顺序结构就是按照算法步骤按顺序一步一步执行。然而,现实生活中,有很多问题不能仅用顺序结构就可以完成。例如,在泡茶时,基本步骤还是顺序结构,但是,如果在泡不同种类的茶叶时,泡茶的步骤可能就会不同。

例如,在第 1 步准备茶具时:
(1) 如果泡的是绿茶,选择的泡茶器具是玻璃杯;
(2) 如果泡的是普洱茶时,选择的泡茶器具是紫砂壶;
(3) 如果泡的是岩茶,则会选择盖碗。

因此,当根据条件来选择的时候,执行的步骤也会不一样,这就是选择结构。

一般的选择结构,首先判断条件,当条件为真时,执行左边的语句,当条件为假时,执行右边的语句。不管执行哪边的语句,最终都会继续往下执行。

因此,可以将泡茶的算法流程进行修改。加入选择结构之后,当泡的是绿茶条件为真时,选择绿茶器具玻璃杯。如果为假,继续判断泡的是否是普洱茶。如果为真,则选择普洱茶的器具紫砂壶。如果为假,则选择岩茶的泡茶器具盖碗,如图 3-11 所示。当第一步选择结构执行完之后,则继续按照顺序执行下面的泡茶步骤。这样,泡茶的流程就是一个选择结构和顺序结构的综合。

那么生活中,还有哪些问题是选择结构的呢?其实有很多,因为人们无时无刻不在进行选择,有 2 选 1 或多选 1 的情况。比如,如果今天不下雨,我就出去;下雨我就在家。买咖啡时,如果喜欢甜的,就加糖,不喜欢甜的就不加糖。或者,数学中求 3 个数中的最大数问题,需要进行两次比较。首先比较两个数,将大的数再和第三个数进行比较,这是两个选择结构的叠加。

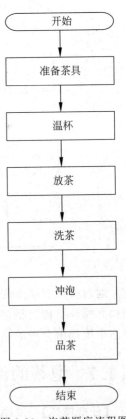

图 3-10 泡茶顺序流程图

这个问题涉及了选择结构的嵌套，也就是多分支问题，包含1个大的顺序结构和2个选择结构的结合。

3. 循环结构——泡茶 v3

微课：
循环结构

循环结构，顾名思义，就是可以循环执行的。计算机最大的优势就是可以不知疲倦地不断循环做一件事情，因此，程序设计的循环结构非常有用。那么到底什么是循环结构呢？

依然用泡茶为例。比如，当品茶时，如果茶汤颜色不浅，那么就可以继续冲泡，并可以连续多次冲泡直到茶汤颜色变浅为止。这就是一个循环结构。茶汤颜色是否变浅是一个判断条件，而循环体则是冲泡这个动作。循环退出条件就是茶汤颜色变浅。可以将泡茶的算法流程进行再次改进，加入循环结构，如图 3-12 所示。

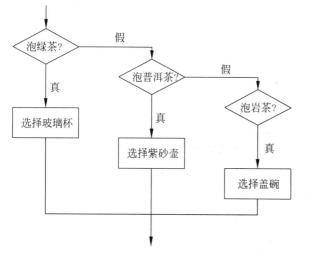

图 3-11 泡茶选择结构流程图

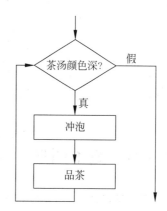

图 3-12 泡茶循环结构流程图

因此，可以将泡茶的算法流程进行再次改进。加入循环结构之后，泡茶的整体结构是一个大顺序结构，在第一步时，选择泡茶种类是一个选择结构，选择结构完成后继续顺序向下执行。当到了品茶步骤时，加入冲泡循环结构。整个泡茶过程就是三种结构的结合，如图 3-13 所示。

那么生活中，还有哪些问题是循环结构的呢？其实也有很多，比如，扫地机器人，如果没有终止条件，它就会不断进行扫地动作。还有服装设计师要不断修改服装直到用户满意。工人要不断打磨模具直到合格。而在数学问题上，循环尤其重要，比如，类似求 1+2+3+…+100 的问题，这是一个典型的循环结构。如果不用循环结构，需要 100 次顺序相加步骤，这将是一个巨大的工作量。但是如果用循环结构就简单多了，只需要一个判断条件，和两个循环体语句就可以完成。即使加到 10000 也没关系。循环结构和循环语句程序设计将在下一个模块详细讲解。

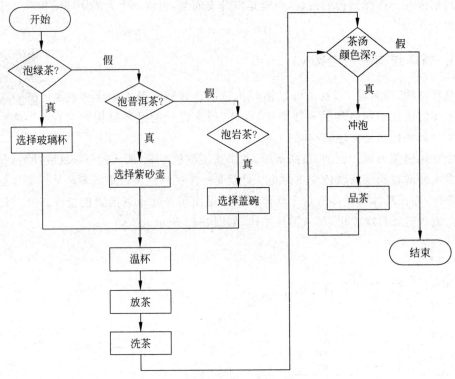

图 3-13 泡茶完整结构流程图

3.1.8 兔子图形

【任务描述】 试用"*"画一只兔子形状。
【任务分析】 利用格式化输出函数。可以用 printf()函数逐行打印出兔子的形状。
【实施代码】

```
int main()
{
    printf("\n");
    printf("\n");
    printf("\t this is a rabbit!\n");
    printf("\n");
    printf("\n");
    printf("\t *         * \n");
    printf("\t * *     * * \n");
    printf("\t  * *   * *  \n");
    printf("\t   * * * *   \n");
    printf("\t     * * *   \n");
    printf("\t      *      \n");
    printf("\t    *  *  *  \n");
    printf("\t     *    *  \n");
```

```
    printf("\t   *       *      *  \n");
    printf("\t *        ***       *\n");
    printf("\t   *              *  \n");
    printf("\t       *  *  *  *    \n");
    printf("\n");
    printf("\n");
    getchar();
    getchar();
    return 0;
}
```

任务3.2　主菜单选择

任务描述与分析

学生成绩管理系统的主菜单显示已经完成,现在周老师要求每个项目组完成对主菜单的选择,具体实现效果如图3-14所示。系统运行时,显示主菜单,当选择1时进入管理员子菜单,当选择2时进入学生子菜单,选择0时退出系统。

要完成这个任务,周老师要给项目组的同学们分析一下需要掌握哪些知识。

要进行主菜单的选择,首先需要用户从键盘输入数字,系统接收到输入,然后根据接收到的数字进行判断,再进行跳转。

因此,本任务需要用到C语言中的格式输入语句和判断分支语句。

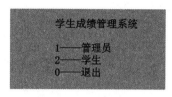

图3-14　主菜单选择

相关知识与技能

3.2.1　格式化输入语句

1. 格式化输入函数 scanf()

格式化输入函数可以将从输入设备输入的数据存储到变量中。
scanf()函数的语法格式如下。

scanf("格式控制字符串",变量地址1,变量地址2…);

有几个％,就有几个＆,如 scanf("％d％d",＆x,＆y);
格式控制字符如表3-3所示。

表 3-3 格式字符

格式字符	说　　明
%d	输入带符号的十进制数(遇空格符回车符结束)
%o	输入带符号的八进制数(遇空格符回车符结束)
%x	输入带符号的十六进制数(遇空格符回车符结束)
%c	输入1个字符(遇字符结束)
%s	输入1个字符串(遇回车符、空格符、制表符结束)
%f	输入小数形式的实数(遇空格符、回车符结束)
%e	输入指数形式的实数(遇空格符、回车符结束)

scanf()函数的执行过程如下。

(1) 执行到 scanf 语句时,程序停下来,等待用户的输入。

(2) 输入1个变量时,按照表 3-3 所示结束方式结束输入。

(3) 当需要同时输入多个变量时,有两种情况。

① scanf()的格式字符串中有分隔符,必须严格按照次序输入数值和相应的分隔符。

例如,对 scanf("%d,%d",&x,&y);语句,必须输入"3,4"。

② scanf()的格式字符串中没有分隔符,可以用空格、制表符、回车等分隔多个数值。

例如,对 scanf("%d%d",&x,&y);语句,可以输入"3 4",或者"3＜制表符＞4",或者"3↙4"。

【例 3-1】 从键盘为其输入值。

```
int a,b;
float  x;
char ch1,ch2,stuName[20];
scanf("%d%d%f%c%c%s",&a,&b,&x,&ch1,&ch2,stuName);
```

如果在键盘上录入"3　4　1.2　A　B　rabby↙",则各变量的值是:a＝3,b＝4,x＝1.2,ch1=' ',ch2='A',stuName="b"。

如果在键盘上录入"3　4　1.2ABrabby↙",则各变量的值是:a＝3,b＝4,x＝1.2,ch1='A',ch2='B',stuName="rabby"。

2. 字符输入函数 getchar()

字符输入函数为 getchar(),从键盘上输入1个字符(包括空格等),按 Enter 键确认,函数的返回值就是该字符。

例如:

```
char a,b;
b = getchar();
scanf("%c",&a);
```

后两条语句的区别是:前一条语句输入1个字符后,需要按 Enter 键才能接收到字符;后一条语句只要输入任何字符,就被接收了。也就是说,getchar()与 scanf 的%c 格式字符的用法是有区别的,getchar()需要按 Enter 键确认输入,而%c 则接收当前字符。

3. 字符串输入函数

字符串输入函数：gets(字符串地址)；接收从键盘输入的字符串,按 Enter 键结束。

例如,如果输入"I am a good student↙",则得到的字符串是"I am a good student",而 scanf()的%s 格式字符接收字符串时,回车、空格、制表符都是分隔符,得到的字符串是"I"。

3.2.2 if 语句

微课:
if-else 语句

用 if 语句可以构成分支结构。它根据给定的条件进行判断,以决定执行哪个分支。C 语言的 if 语句有以下三种基本形式。

1. if

语法格式如下。

```
if(表达式)
{
    语句;
}
```

说明:

(1) 如果表达式的值为真,则执行其后的语句,否则不执行该语句。流程图如图 3-15 所示。

(2) 花括号里的语句如果为单条语句,花括号可以省去,否则不能省。

【例 3-2】 比较两个数值的大小,用 if 语句的第一种形式。

```
int main()
{
    int a, b, max;
    printf("\n input two numbers:   ");
    scanf("%d%d", &a , &b);
    max = a;
    if(max < b)
        max = b;
    printf("max = %d",max);
    getchar();
    getchar();
    return 0;
}
```

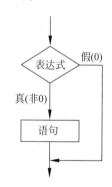

图 3-15 if 语句流程图

2. if-else

语法格式如下。

if(表达式)

```
    {
        语句 1;
    }
    else
    {
        语句 2;
    }
```

说明：如果表达式的值为真，则执行语句 1，否则执行语句 2。流程图如图 3-16 所示。

【例 3-3】 比较两个数值的大小，用 if 语句的第二种形式重构代码。

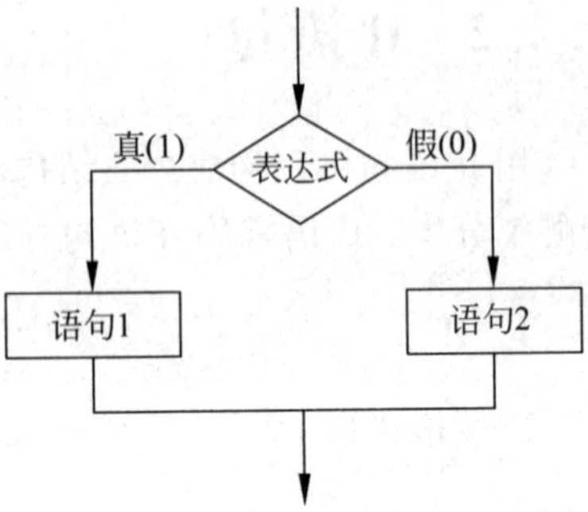

```
int main()
{
    int a, b, max;
    printf("input two numbers:");
    scanf("%d%d",&a,&b);
    if(a > b)
        max = a ;
    else
        max = b;
    printf("max = %d",max);
    getchar();
    getchar();
    return 0;
}
```

图 3-16 if-else 语句流程图

3．if-else-if

语法格式如下。

```
if(表达式 1)
{
    语句 1;
}
else   if(表达式 2)
{
    语句 2;
}
…
else   if(表达式 m)
{
    语句 m;
}
else
{
    语句 n;
}
```

说明：依次判断表达式的值，当出现某个值为真时，则执行其对应的语句。然后跳到整个 if 语句之外继续执行程序。如果所有的表达式均为假，则执行语句 n。然后继续执行后续程序。流程图如图 3-17 所示。

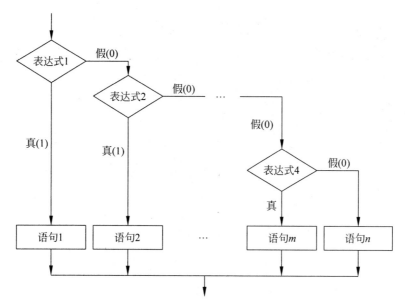

图 3-17 if-else-if 语句流程图

【例 3-4】 判别键盘输入字符的类别。

```
int main()
{
    char c;
    printf("input a character:   ");
    c = getchar();
    if(c < 32)
            printf("This is a control character\n");
    else if(c >= '0'&&c <= '9')
            printf("This is a digit\n");
    else if(c >= 'A'&&c <= 'Z')
            printf("This is a capital letter\n");
    else if(c >= 'a'&&c <= 'z')
            printf("This is a small letter\n");
    else
            printf("This is an other character\n");
    getchar();
    gctchar();
    return 0;
}
```

3.2.3 if 语句的嵌套

当 if 语句中的语句又是 if 语句时,则构成了 if 语句嵌套的情形。其一般形式可表示如下。

```
if(表达式)
{
    if(表达式)
    {
        语句;
    }
}

if(表达式)
{
    if(表达式)
    {
        语句;
    }
}
else
{
    if(表达式)
    {
        语句;
    }
}
```

嵌套的内部 if 语句可能又是 if-else 型的。其中的 else 究竟是与哪一个 if 配对呢，例如：

```
if(表达式 1)
    if(表达式 2)
语句 1;
    else
语句 2;
```

说明：C 语言规定，else 总是与它前面最近的未配对的 if 配对。

【例 3-5】 用 if 语句的嵌套实现以下公式。

$$y = \begin{cases} 2x & (x \geqslant 1) \\ x-3 & (-1 < x < 1) \\ -x+8 & (-1 \leqslant x < 0) \\ 2x & (x < -1) \end{cases}$$

```
int main()
{
    int x, y;
    scanf("%d", &x);
    if(x >= 0)
    {
        if(x >= 1)
            y = 2 * x;
        else
```

```
            y = x - 3;
    }
    else
    {
        if(x < -1)
            y = -2 * x;
        else
            y = -x + 8;
    }
    printf("y = % d" , y);
    getchar();
    getchar();
    return 0;
}
```

还可以用其他方法实现,请思考并实现。

3.2.4 设计主菜单

通过以上知识的学习,项目组就可以在上一个任务主菜单显示的基础上来实施主菜单选择的任务了。

主菜单有三个选项,分别是"1——管理员""2——学生""0——退出"。因此,要选择主菜单,首先要输入数字来选择。输入时要用到格式化输入语句,这里可以选用 scanf()函数。其次,要对输入的数字进行判断,可以分别用 if 语句的三种形式来分别实现判断。

1. 用 if 语句实现

具体代码如下。

```
int main()
{
    int mSelect;                        //用于存放输入的选择项

    /* 主菜单显示 */
    printf("\t\t                学生成绩管理系统\n\n");
    printf("\t\t                1——管理员\n");
    printf("\t\t                2——学生\n");
    printf("\t\t                0——退出\n");
    printf("\n");
    printf("\n");

    /* 主菜单选择 */
    printf("请输入您的选择: ");        //提示输入
    scanf(" % d",&mSelect);
```

```c
        /*管理员子菜单跳转*/
        if( mSelect == 1)
        {
                printf("\t\t                管理员成绩管理功能\n\n");
                printf("\t\t                1——班级成绩添加\n");
                printf("\t\t                2——班级成绩浏览\n");
                printf("\t\t                3——最高分\n");
                printf("\t\t                4——最低分\n");
                printf("\t\t                5——平均分\n");
                printf("\t\t                6——及格率\n");
                printf("\t\t                7——各分数段所占比率\n");
                printf("\t\t                8——成绩排序\n");
                printf("\t\t                0——退出\n");
                printf("\n");
                printf("\n");
        }

        /*学生子菜单跳转*/
        if( mSelect == 2)
        {
            printf("\t\t                学生成绩管理功能\n\n");
            printf("\t\t                1——查询成绩\n");
            printf("\t\t                0——退出\n");
        }

        /*退出主菜单,主要用于退出循环主菜单(下一个任务),这里只是作提示*/
        if( mSelect == 0)
        {
            printf("退出\n");
        }
        if( mSelect!= 1&& mSelect!= && mSelect!= 0)
        {
            printf("输入有误,请重新选择!\n");
        }
        getchar();
        getchar();
        return 0;
}
```

2. 用 if-else 语句实现

具体代码如下。

```c
int main()
{
    int mSelect;                    //用于存放输入的选择项

    /*主菜单显示*/
    printf("\t\t                学生成绩管理系统\n\n");
    printf("\t\t                1——管理员\n");
    printf("\t\t                2——学生\n");
    printf("\t\t                0——退出\n");
```

```c
        printf("\n");
        printf("\n");

        /* 主菜单选择 */
        printf("请输入您的选择: ");         //提示输入
        scanf(" %d",&mSelect);

        /* 管理员子菜单跳转 */
        if( mSelect == 1)
        {
                printf("\t\t                管理员成绩管理功能\n\n");
                printf("\t\t                1——班级成绩添加\n");
                printf("\t\t                2——班级成绩浏览\n");
                printf("\t\t                3——最高分\n");
                printf("\t\t                4——最低分\n");
                printf("\t\t                5——平均分\n");
                printf("\t\t                6——及格率\n");
                printf("\t\t                7——各分数段所占比率\n");
                printf("\t\t                8——成绩排序\n");
                printf("\t\t                0——退出\n");
                printf("\n");
                printf("\n");
        }
        else
        {
            /* 学生子菜单跳转 */
            if( mSelect == 2)
            {
                printf("\t\t                学生成绩管理功能\n\n");
                printf("\t\t                1——查询成绩\n");
                printf("\t\t                0——退出\n");
            }
            else
            {
                /* 退出主菜单 */
                if( mSelect == 0)
                {
                    printf("退出\n");
                }
                else
                {
                    printf("输入有误,请重新选择!\n");
                }

            }
        }
        getchar();
        getchar();
        return 0;
}
```

3. 用 if-else-if 语句实现

具体代码如下。

```c
int main()
{
    int mSelect;                        //用于存放输入的选择项

    /* 主菜单显示 */
    printf("\t\t            学生成绩管理系统\n\n");
    printf("\t\t            1——管理员\n");
    printf("\t\t            2——学生\n");
    printf("\t\t            0——退出\n");
    printf("\n");
    printf("\n");

    /* 主菜单选择 */
    printf("请输入您的选择：");         //提示输入
    scanf("%d",&mSelect);

    /* 管理员子菜单跳转 */
    if( mSelect == 1)
    {
        printf("\t\t            管理员成绩管理功能\n\n");
        printf("\t\t            1——班级成绩添加\n");
        printf("\t\t            2——班级成绩浏览\n");
        printf("\t\t            3——最高分\n");
        printf("\t\t            4——最低分\n");
        printf("\t\t            5——平均分\n");
        printf("\t\t            6——及格率\n");
        printf("\t\t            7——各分数段所占比率\n");
        printf("\t\t            8——成绩排序\n");
        printf("\t\t            0——退出\n");
        printf("\n");
        printf("\n");
    }

    /* 学生子菜单跳转 */
    else if( mSelect == 2)
    {
        printf("\t\t            学生成绩管理功能\n\n");
        printf("\t\t            1——查询成绩\n");
        printf("\t\t            0——退出\n");
    }

    /* 退出主菜单 */
    else if( mSelect == 0)
    {
        printf("退出\n");
    }
    else
    {
```

```
        printf("输入有误,请重新选择!\n");
    }
    getchar();
    getchar();
    return 0;
}
```

尽管以上三种方法都可以完成主菜单选择的任务,但是通过代码的比较不难看出,本任务最适合用 if-else-if 语句来完成。if-else-if 语句适合用于多分支的选择结构;而 if 语句多用于单选择;if-else 语句则多用于二分支选择结构,但是通过嵌套也可实现多分支的选择。

3.2.5 判断闰年

【任务描述】 设计程序,判断输入的任意年份是否为闰年,如果是则输出该年是闰年,否则输出该年不是闰年。判断闰年的条件是:能被 4 整除但不能被 100 整除,或者能被 400 整除。

【任务分析】 该任务是一个典型的选择结构。先定义一个整型变量 year,然后从键盘输入一个整数(年)给 year。最后用 if-else 语句判断 year 是否是闰年。在任务 2.2.10 中已完成了闰年条件的表达式的书写(能被 4 整除但不能被 100 整除,或者能被 400 整除)。若是输出 year 是闰年,否则输出 year 不是闰年。

【算法描述】

(1) 定义一个变量 year。

(2) 从键盘输入 year 的值。

(3) 判断 year 是否能被 4 整除但是不能被 100 整除或者能被 400 整除。

(4) 如果是,则输出是闰年;否则输出不是闰年,算法结束。

其流程图如图 3-18 所示。

【实施代码】

```
# include <stdio.h>
int main()
{
    int year;
    printf("请输入年份:\n");
    scanf("%d",&year);
    if(year%4==0&&year%100!=0||year%400==0)    //判断闰年条件
        printf("%d 是闰年!\n",year);
    else
        printf("%d 不是闰年!\n",year);
```

```
            getchar();
            getchar();
            return 0;
        }
```

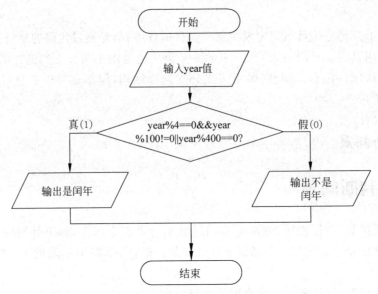

图 3-18　判断闰年算法流程图

在已经完成判断闰年的条件表达式的基础上,通过本任务的实施,重点加强了双分支 if-else 语句的应用。

3.2.6　判断水仙花数

【任务描述】　输入一个任意三位数,判断其是否为水仙花数。

【任务分析】　该任务是一个典型的选择结构,且是一个嵌套双分支选择结构。首先输入一个整数,并判断它是不是三位数。如果是,则继续判断是否是水仙花数。取出三位数的每位上的数字,各数字的立方和等于它本身,则是水仙花数;否则输出提示错误输入。

【算法描述】

(1) 定义四个变量 num,b,s,g。

(2) 从键盘输入 num 的值。

(3) 判断 num 是否是三位数。

(4) 如果否,则输出"输入错误"。

(5) 如果是,则取出 num 的百、十、个位上的数字,分别赋值给变量 b,s,g。

(6) 判断三位数字的立方和是否等于 num。

(7) 如果是,则输出是水仙花数。

(8) 如果否,则输出不是水仙花数。

其流程图如图 3-19 所示。

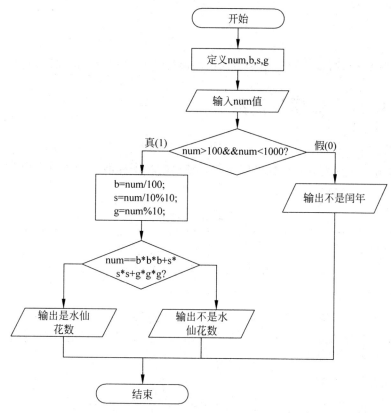

图 3-19 判断水仙花数的算法流程图

【实施代码】

```c
#include <stdio.h>
int main()
{   int num,b,s,g;
    printf("请输入一个三位正整数:");
    scanf("%d",&num);
    if(num<100||num>=1000)                //判断输入的是否是三位数
        printf("输入的数不是三位数!\n");
    else                                   //判断是否是水仙花数
    {
        b = num/100;                       //取出百位数
        s = num/10%10;                     //取出十位数
        g = num%10;                        //取出个位数
        if(num == b*b*b+s*s*s+g*g*g)
            printf("%d是水仙花数!\n",num);
        else
            printf("%d不是水仙花数!\n",num);
    }
```

```
    getchar();
    getchar();
    return 0;
}
```

本任务实施中,请各位同学注意输入输出语句和 if 语句嵌套的用法。

3.2.7 BMI 身体质量指数

【任务描述】 编程实现计算自己的 BMI 身体质量指数,并给出建议。BMI 指数是目前国际上常用的衡量人体胖瘦程度以及是否健康的一个标准。身体质量指数(BMI)=体重(kg)/身高(m)的平方。BMI 范围如表 3-4 所示。

表 3-4 BMI 范围表

BMI 范围	说明	BMI 范围	说明
≤18.4	偏瘦	24.0~27.9	过重
18.5~23.9	正常	≥28.0	肥胖

【任务分析】 要先计算某个人的 BMI 指数,根据指数的值来判断身材的分类。由表 3-4 可知,该程序有四个分支,属于多分支结构。根据条件范围进行选择,输出对应的分类标签。

【算法描述】

(1) 要定义好程序中所有变量。需要定义一个 float 类型的变量 BMI 用于存放身体质量指数;再定义 float 类型的体重变量 weight 和身高变量 height。

(2) 需要输入这两个变量的值,注意体重的单位是 kg,身高的单位是 m,然后根据公式:BMI=kg/m^2,计算 BMI。

(3) 根据条件,选择多分支 if-else if-else 语句实现多分支结构的判断,从而输出这个人的身材分类。

其流程图如图 3-20 所示。

【实施代码】

```
#include<stdio.h>
int main()
{
    float weight,height,BMI;                    //定义变量
    printf("请输入体重(kg)和身高(m):");
    scanf("%f,%f",&weight,&height);             //输入体重和身高
    BMI = weight/(height * height);
    if(BMI<=18.4)         printf("偏瘦");       //判断偏瘦
    else if(BMI<=23.9)    printf("正常");       //判断正常
    else if(BMI<=27.9)    printf("过重");       //判断过重
    else     printf("肥胖");                    //判断肥胖
    getchar();
```

```
        getchar();
        return 0;
}
```

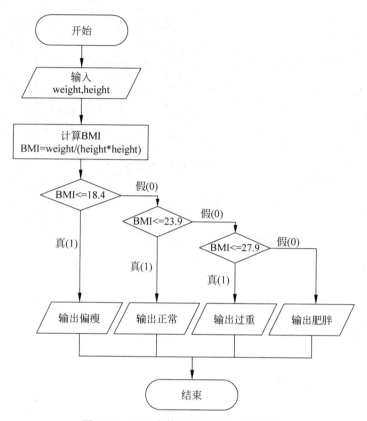

图 3-20　BMI 身体质量指数计算流程图

本任务重点强调了多分支 if 语句的使用,大家在实际应用中要灵活选择 if 语句的三种形式和嵌套来完成各项任务。

任务 3.3　子菜单选择

任务描述与分析

学生成绩管理系统主菜单的显示和选择已经完成,现在周老师要求每个项目组完成对子菜单的选择。具体实现效果如图 3-21 所示。当显示管理员子菜单时,选择 0~8 进入相应的子菜单功能;当显示学生子菜单时,选择 0~1 进入相应的子菜单功能。

可以看出,管理员子菜单有 8 个选项,属于多分支结构。如果用 if-else-if 语句来编写代码,虽然可以实现,但是代码不易阅读,因此一般不这么用。C 语言中专门提供了 switch 语句来实现多分支的选择结构。

```
请输入您的选择： 1
                    管理员成绩管理功能
                    1——班级成绩添加
                    2——班级成绩浏览
                    3——最高分
                    4——最低分
                    5——平均分
                    6——及格率
                    7——各分数段所占比率
                    8——成绩排序
                    0——退出
请输入您的选择：
                    学生成绩管理系统
                    1——管理员
                    2——学生
                    0——退出
请输入您的选择：
```

图 3-21　子菜单选择

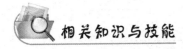

相关知识与技能

3.3.1　switch 语句

多分支选择 switch 语句的一般形式如下。

```
switch(表达式)
{
    case 常量表达式 1:   语句 1;
    case 常量表达式 2:   语句 2;
    …
    case 常量表达式 n:   语句 n;
    default:            语句 n+1;
}
```

说明：有 switch 语句中，首先计算表达式的值。并逐个与其后的常量表达式值相比较。当表达式的值与某个常量表达式的值相等时，即执行其后的语句，然后不再进行判断，继续执行后面所有 case 后的语句。若表达式的值与所有 case 后的常量表达式均不相同，则执行 default 后的语句。

switch 后的表达式可以是 int、char 和枚举型中的一种。系统一旦找到入口 case，就从此 case 开始执行，然后不再进行 case 判断，所以必须加上 break 语句，以便结束 switch 语句。case 后面的表达式为常量表达式，不能含有变量，如可以写成 case 3+4，但不可以写成 case x+y。

在 case 后的各常量表达式的值不能相同,否则会出现错误。在 case 后,允许有多个语句,可以不用{}括起来。各 case 子句和 default 子句的先后顺序可以变动,而不会影响程序执行结果。default 子句可以省略不用。用 switch 语句实现的多分支结构程序,完全可以用 if 语句和 if 语句的嵌套来实现。在具体的应用中,可以选择合适的多分支语句。注意良好的编码风格与习惯:将"{"与"}"对齐,case 子句对齐。

【例 3-6】 根据输入的数字输出对应的星期几。

```
# include < stdio.h >
int main()
{
    int a;
    printf("input integer number:    ");
    scanf("%d", &a);
    switch (a)
    {
        case 1:printf("Monday\n");
        case 2:printf("Tuesday\n");
        case 3:printf("Wednesday\n");
        case 4:printf("Thursday\n");
        case 5:printf("Friday\n");
        case 6:printf("Saturday\n");
        case 7:printf("Sunday\n");
        default:printf("error\n");
    }
    getchar();
    getchar();
    return 0;
}
```

以上程序运行时,会发现当从一个入口进去之后会将后面所有的 case 后的语句都输出,显然是不合适的,应如何改进呢?

3.3.2 break 语句和 continue 语句

break 语句和 continue 语句都是用来控制循环结构的,主要是停止循环。break 语句用于完全结束一个循环,跳出循环体执行循环后面的语句;continue 语句结束本次循环,进入下一次循环。

1. break 语句

用 break 语句可以使流程跳出 switch 语句体,也可以用 break 语句在循环结构中终止本层循环体,从而提前结束本层循环。

注意:

(1) 只能在循环体内和 switch 语句体内使用 break 语句。

(2) 当 break 语句出现在循环体中的 switch 语句体内时,起到的作用只是跳出该

switch 语句体,并不能终止循环体的执行。若想强行终止循环体的执行,可以在循环体中但不是在 switch 语句中设置 break 语句,满足某种条件则跳出本层循环体。

2. continue

continue 语句的作用是跳过本次循环中余下尚未执行的语句,立即进行下一次的循环条件判定,可以理解为仅结束本次循环。

注意:continue 语句并没有使整个循环终止。

那么,如何改进例 3-6 中的代码呢?就是在每一个 case 语句后面都加上 break 语句。break 语句用于跳出 switch 语句或循环语句。

改进后的代码如下。

```c
#include<stdio.h>
int main()
{
    int a;
    printf("input integer number:        ");
    scanf("%d",&a);
    switch (a)
    {
        case 1:printf("Monday\n");break;
        case 2:printf("Tuesday\n");break;
        case 3:printf("Wednesday\n");break;
        case 4:printf("Thursday\n");break;
        case 5:printf("Friday\n");break;
        case 6:printf("Saturday\n");break;
        case 7:printf("Sunday\n");break;
        default:printf("error\n");break;
    }
    getchar();
    getchar();
    return 0;
}
```

这样,程序只会输出一句话。例如,输入的是 1,则只会输出 Monday,而不会将后面所有的星期几都输出。

3.3.3 设计子菜单

通过以上知识的学习,项目组就可以开始子菜单选择的任务了。管理员子菜单有 0~7 八个选项,学生子菜单有 0~1 两个选项。用 switch-case 语句分别实现。

【实施代码】

```c
#include <stdio.h>
int main()
{
    int mSelect;                        //用于存放输入的选择项
    int subSelect;

    /*主菜单显示*/
    printf("\t\t          学生成绩管理系统\n\n");
    printf("\t\t          1——管理员\n");
    printf("\t\t          2——学生\n");
    printf("\t\t          0——退出\n");
    printf("\n");
    printf("\n");

    /*主菜单选择*/
    printf("请输入您的选择:  ");        //提示输入
    scanf("%d",&mSelect);

    /*管理员子菜单跳转*/
    if( mSelect == 1)
    {
        printf("\t\t          管理员成绩管理功能\n\n");
        printf("\t\t          1——班级成绩添加\n");
        printf("\t\t          2——班级成绩浏览\n");
        printf("\t\t          3——最高分\n");
        printf("\t\t          4——最低分\n");
        printf("\t\t          5——平均分\n");
        printf("\t\t          6——及格率\n");
        printf("\t\t          7——各分数段所占比率\n");
        printf("\t\t          8——成绩排序\n");
        printf("\t\t          0——退出\n");
        printf("\n");
        printf("\n");

        /*管理员子菜单选择*/
        printf("请输入您的选择:  ");
        scanf("%d",&subSelect);
        printf("\n");

        switch(subSelect)
        {
            case 1:
                printf("班级成绩添加功能待实现...\n");
                break;
            case 2:
                printf("班级成绩浏览功能待实现...\n");
                break;
```

```c
        case 3:
            printf("求最高分功能待实现...\n");
            break;
        case 4:
            printf("求最低分功能待实现...\n");
            break;
        case 5:
            printf("求平均分添加功能待实现...\n");
            break;
        case 6:
            printf("及格率待实现...\n");
            break;
        case 7:
            printf("各分数段所占比率功能待实现...\n");
            break;
        case 8:
            printf("成绩排序功能待实现...\n");
            break;
        case 0:
            printf("退出子菜单功能待实现...\n");
            break;
        default:
            printf("选择有误,请重新选择!\n");
            break;
    }
}
/*学生子菜单跳转*/
else if( mSelect == 2)
{
    printf("\t\t            学生成绩管理功能\n\n");
    printf("\t\t            1——查询成绩\n");
    printf("\t\t            0——退出\n");

    /*学生子菜单选择*/
    printf("请输入您的选择:    ");
    scanf(" %d",&subSelect);
    printf("\n");

    switch(subSelect)
    {
        case 1:
            printf("查询成绩功能待实现...\n");
            break;
        case 0:
            printf("退出功能待实现...\n");
            break;
        default:
            printf("选择有误,请重新选择!\n");
            break;
```

```
            }
        }
        /* 退出主菜单 */
        else if( mSelect == 0)
        {
            printf("退出\n");
        }
        else
        {
            printf("输入有误,请重新选择!\n");
        }

        getchar();
        getchar();
        return 0;
    }
```

3.3.4 抽签游戏

【任务描述】 设计程序,完成抽签游戏。抽签游戏共有7支签文,每个签文对应内容如表3-5所示。因此,总共有7个选择,每次抽中一个签号,就会给出对应的签文。

表3-5 抽签游戏签文

签号	签 文	签号	签 文
1	上上签:你今天运气爆表,赶紧买彩票	5	下签:待在家里不给国家添乱
2	下下签:今天不宜出门,喝水塞牙	6	上签:出门遇贵人,一天好心情
3	上签:出门小心被砸馅饼	7	下签:调整心态,下次还有机会
4	中签:保持一颗平常心,努力工作		

【任务分析】 由以上签文表可知,该程序有7个分支,属于多分支结构。根据条件范围进行选择,输出对应的签文。

【算法描述】
(1)定义一个int类型的变量sn用于存放签号。
(2)从键盘输入sn的值。
(3)判断sn的范围,选择switch语句实现多分支结构的判断。如果是1~7则输出对应的签文;否则输出"输入有误!"
(4)结束。
程序流程图如图3-22所示。

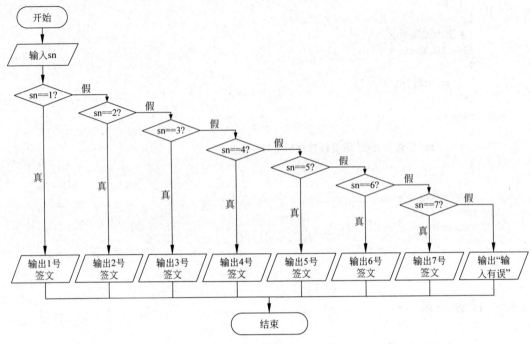

图 3-22 抽签游戏程序流程图

【实施代码】

```c
#include <stdio.h>
int main()
{
    int sn;
    printf("抽签马上开始,请输入签号: ");
    scanf("%d",&sn);
    switch(sn)
    {
        case 1:printf("上上签：你今天运气爆表,赶紧买彩票!\n");break;
        case 2:printf("下下签：今天不宜出门,喝水塞牙!\n");break;
        case 3:printf("上签：出门小心被砸馅饼!\n");break;
        case 4:printf("中签：保持一颗平常心,努力工作!\n");break;
        case 5:printf("下签：待在家里不给国家添乱!\n");break;
        case 6:printf("上签：出门遇贵人,一天好心情!\n");break;
        case 7:printf("下签：调整心态,下次还有机会!\n");break;
        default:printf("输入有误!\n");break;
    }
    getchar();
    getchar();
    return 0;
}
```

在本任务的实施过程中,使用 switch 语句进行多分支结构编码,break 语句必不可少。请读者合理使用,正确编码。

3.3.5 判断成绩等级

【任务描述】 设计程序,用 switch 语句编写程序,对于给定的一个百分制成绩,输出相应的五分制成绩,设 90 分以上为 A,80~89 分为 B,70~79 分为 C,60~69 分为 D,60 分以下为 E。

【任务分析】 该任务是一个典型的多分支选择结构。先定义一个整型变量 score,然后从键盘输入一个整数(成绩)给 score。然后用 if 语句判断 score 是不是合法,如果分数不是 0~100 分,提示"输入有误!";否则,通过判断 score 整除以 10 的数的范围来判断成绩等级。

【算法描述】

(1) 定义一个变量 score 表示成绩。

(2) 从键盘输入 score 的值。

(3) 判断 score 的合法性。如果 score>100 或者 score<0,则输出"输入有误!",结束程序;否则继续向下执行。

(4) 判断 score 的范围。判断多分支选择结构,使用 swtich 语句实现分支选择。根据 score 范围,给定对应的成绩等级。

(5) 结束。

程序流程图如图 3-23 所示。

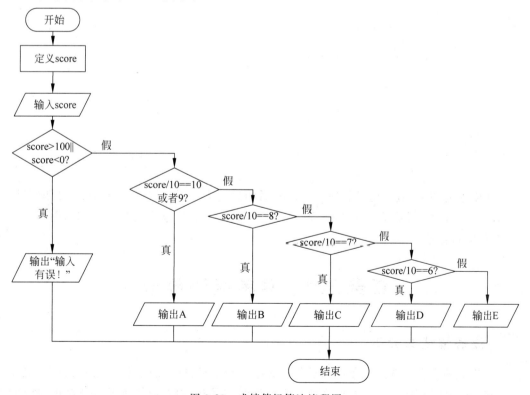

图 3-23 成绩等级算法流程图

整个算法中包含了分支嵌套结构，由一条双分支 if 语句和一条 switch 语句组成。双分支语句用来判断输入的合法性，如何输入合法，则继续用 switch 语句对成绩进行分支判断，给出成绩等级。

【实施代码】

```c
#include<stdio.h>
int main()
{
    int score;
    printf("请输入成绩:\n");
    scanf("%d",&score);
    if(score>100||score<0)
        printf("输入有误!\n");
    else
    {
        switch(score/10)
        {
            case 10:
            case 9:
                printf("A\n");
                break;
            case 8:
                printf("B\n");
                break;
            case 7:
                printf("C\n");
                break;
            case 6:
                printf("D\n");
                break;
            default:
                printf("E\n");
                break;
        }
    }
    getchar();
    getchar();
    return 0;
}
```

在以上程序中，值得注意的是：case 10 后的语句为空，如果从该入口进入，会继续执行 case 9。因为如果成绩是 100 分，则 score/10 值为 10；如果成绩是 90 多分，则 score/10 值为 9，都会输出 A。

任务 3.4　菜单循环显示

任务描述与分析

学生成绩管理系统的主菜单和子菜单的显示和选择已经完成，但是这些菜单只能显示 1 次，无法实现菜单重现，显然这样是不合理的。因此，现在周老师要求每个项目组能够实现菜单的循环显示和选择,要求先实现主菜单的循环显示,再实现子菜单的循环显示。具体实现效果如图 3-24 所示。系统运行时,先进入主菜单,当进入子菜单后,子菜单循环显示。当退出子菜单时,循环显示上级菜单,直到退出主菜单(退出系统)。

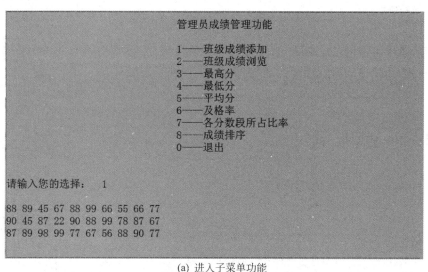

(a) 进入子菜单功能

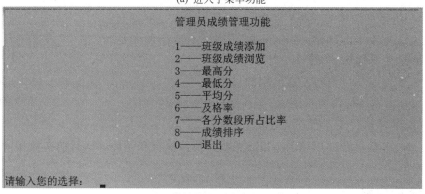

(b) 退出子菜单功能后循环显示主菜单

图 3-24 子菜单循环显示

要实现菜单的循环显示,就要学习 C 语言中用于实现循环结构的语句。学习 while 语言和 do-while 语句来实现本任务。

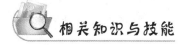

3.4.1 while 语句

循环结构,就是根据条件判断,执行循环体若干次。当条件不满足时,跳至下一条语句执行。重复执行,是计算机最擅长的事,因此,循环结构应用广泛。

循环三要素是初始化、循环条件、循环体(要能使循环条件走向假)。

while 语句的语法格式如下。

```
while(表达式)
{
    循环体;
}
```

其中,循环体可以是一条语句,也可以是多条语句。

while 循环结构的流程图如图 3-25 所示,是一种当型循环,先判断循环条件,后执行循环体。

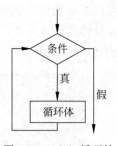

图 3-25 while 循环结构流程图

3.4.2 do-while 语句

do-while 语句的语法格式如下。

```
do
{
    循环体;
}while(表达式);      //这里的分号不能省
```

do-while 循环结构的流程图如图 3-26 所示,是一种直到型循环,先执行循环体,后判断循环条件。因此,不管条件满足与否,循环体至少会执行一次。

while 和 do-while 语句是有区别的。例如:

(1) while 循环的用途广泛,是循环结构中用得较多的。条件执行比循环体执行多 1 次。

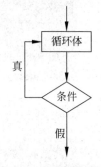

图 3-26 do-while 循环结构流程图

(2) do-while 循环的用途与 while 类似。条件执行和循环体执行的次数相同。

3.4.3 菜单循环显示编程

下面就可以通过 while 语句或 do-while 语句来实现菜单的循环显示了。为了实现可循环显示的菜单,可把所有的菜单显示和选择语句放在循环内,当满足循环条件时,不断重复显示菜单。当用户选 0 时,打破条件,让其跳出循环。

算法如下。

需要定义一个循环变量 mFlag,初始赋值为 1。

```
mFlag = 1;
while(mFlag)
{
    //菜单展示,选择
```

```
                                //当用户选0时,将mFalg赋值为0,即可跳出本循环
}
```

下面可以分步来实现所有菜单的循环显示。首先,先实现主菜单的循环显示;其次,实现子菜单的循环显示;最后,整合代码,同时实现主菜单和子菜单的循环显示。

实施代码如下。

(1) 主菜单的循环显示。

```c
#include <stdio.h>
int main()
{
    int mFlag = 1;                      //定义主菜单循环变量
    int mSelect;                        //定义主菜单选择变量
    /*主菜单循环显示*/
    while(mFlag)
    {
        printf("\t\t             学生成绩管理系统\n\n");
        printf("\t\t             1——管理员\n");
        printf("\t\t             2——学生\n");
        printf("\t\t             0——退出\n");
        printf("\n");
        printf("\n");

        /*主菜单选择*/
        printf("请输入您的选择: ");    //提示输入
        scanf("%d",&mSelect);
        /*管理员子菜单跳转*/
        if( mSelect == 1)
        {
            ...                         //跳转到管理员子菜单
        }
        /*学生子菜单跳转*/
        else if( mSelect == 2)
        {
            ...                         //跳转到学生子菜单
        }
        /*退出主菜单*/
        else if( mSelect == 0)
        {
            mFlag = 0; //将循环变量置为0,退出while循环,主菜单将不再循环显示
        }
        else
        {
            printf("输入有误,请重新选择!\n");
        }
    }
    getchar();
    getchar();
    return 0;
}
```

(2) 子菜单的循环显示。

① 管理员子菜单的循环显示。

```c
#include <stdio.h>
int main()
{
    int subFlag = 1;              //定义子菜单循环变量
    int subSelect;                //定义子菜单选择变量

    while(subFlag)
    {
        printf("\t\t          管理员成绩管理功能\n\n");
        printf("\t\t          1——班级成绩添加\n");
        printf("\t\t          2——班级成绩浏览\n");
        printf("\t\t          3——最高分\n");
        printf("\t\t          4——最低分\n");
        printf("\t\t          5——平均分\n");
        printf("\t\t          6——及格率\n");
        printf("\t\t          7——各分数段所占比率\n");
        printf("\t\t          8——成绩排序\n");
        printf("\t\t          0——退出\n");
        printf("\n");
        printf("\n");
        printf("请输入您的选择:  ");
        scanf("%d",&subSelect);
        printf("\n");
        switch(subSelect)
        {
            case 1:
                printf("班级成绩添加功能待实现...\n");
                break;
            case 2:
                printf("班级成绩浏览功能待实现...\n");
                break;
            case 3:
                printf("求最高分功能待实现...\n");
                break;
            case 4:
                printf("求最低分功能待实现...\n");
                break;
            case 5:
                printf("求平均分添加功能待实现...\n");
                break;
            case 6:
                printf("及格率功能待实现...\n");
                break;
            case 7:
                printf("各分数段所占比率功能待实现...\n");
                break;
```

```
            case 8:
                printf("成绩排序功能待实现...\n");
                break;
            case 0:
                subFlag = 0;   //循环变量置为0,退出while循环,子菜单不再循环显示
                break;
            default:
                printf("选择有误,请重新选择!\n");
                break;
        }
    }
    getchar();
    getchar();
    return 0;
}
```

② 学生子菜单的循环显示。

```
#include <stdio.h>
int main()
{
    int subFlag = 1;                    //定义子菜单循环变量
    int subSelect;                      //定义子菜单选择变量
    while(subFlag)
    {
        printf("\t\t              学生成绩管理功能\n\n");
        printf("\t\t              1——查询成绩\n");
        printf("\t\t              0——退出\n");
        printf("\n");
        printf("\n");
        printf("请输入您的选择:   ");
        scanf("%d",&subSelect);
        printf("\n");
        switch(subSelect)
        {
            case 1:
                printf("查询成绩功能待实现...\n");
                break;
            case 0:
                subFlag = 0;   //循环变量置为0,退出while循环,子菜单不再循环显示
                break;
            default:
                printf("选择有误,请重新选择!\n");
                break;
        }
    }
    getchar();
    getchar();
    return 0;
}
```

(3) 主菜单和子菜单的循环显示(代码整合)。

```c
#include <stdio.h>
int main()
{
    int mFlag = 1;                      //主菜单循环变量
    int mSelect;                        //主菜单选择变量
    int subFlag;                        //子菜单循环变量
    int subSelect;                      //子菜单选择变量

    /* 主菜单循环显示 */
    while(mFlag)
    {
        printf("\t\t            学生成绩管理系统\n\n");
        printf("\t\t            1——管理员\n");
        printf("\t\t            2——学生\n");
        printf("\t\t            0——退出\n");
        printf("\n");
        printf("\n");

        /* 主菜单选择 */
        printf("请输入您的选择:   ");   //提示输入
        scanf(" %d",&mSelect);

        /* 管理员子菜单跳转 */
        if( mSelect == 1)
        {
            subFlag = 1;
            while(subFlag)
            {
                printf("\t\t            管理员成绩管理功能\n\n");
                printf("\t\t            1——班级成绩添加\n");
                printf("\t\t            2——班级成绩浏览\n");
                printf("\t\t            3——最高分\n");
                printf("\t\t            4——最低分\n");
                printf("\t\t            5——平均分\n");
                printf("\t\t            6——及格率\n");
                printf("\t\t            7——各分数段所占比率\n");
                printf("\t\t            8——成绩排序\n");
                printf("\t\t            0——退出\n");
                printf("\n");
                printf("\n");
                printf("请输入您的选择:   ");
                scanf(" %d",&subSelect);
                printf("\n");
                switch(subSelect)
                {
                    case 1:
                        printf("班级成绩添加功能待实现...\n");
```

```c
                break;
            case 2:
                printf("班级成绩浏览功能待实现...\n");
                break;
            case 3:
                printf("求最高分功能待实现...\n");
                break;
            case 4:
                printf("求最低分功能待实现...\n");
                break;
            case 5:
                printf("求平均分添加功能待实现...\n");
                break;
            case 6:
                printf("求及格率功能待实现...\n");
                break;
            case 7:
                printf("各分数段所占比率功能待实现...\n");
                break;
            case 8:
                printf("成绩排序功能待实现...\n");
                break;
            case 0:
                subFlag = 0;  //循环变量置为 0,退出 while 循环
                break;
            default:
                printf("选择有误,请重新选择!\n");
                break;
        }
    }
}

/*学生子菜单跳转*/
else if( mSelect == 2)
{
    subFlag = 1;
    while(subFlag)
    {
        printf("\t\t          学生成绩管理功能\n\n");
        printf("\t\t          1——查询成绩\n");
        printf("\t\t          0——退出\n");
        printf("\n");
        printf("\n");
        printf("请输入您的选择:   ");
        scanf(" % d",&subSelect);
        printf("\n");
        switch(subSelect)
        {
            case 1:
```

```
                    printf("查询成绩功能待实现...\n");
                    break;
                case 0:
                    subFlag = 0;  //循环变量置为 0,退出 while 循环
                    break;
                default:
                    printf("选择有误,请重新选择!\n");
                    break;
            }
        }
    }

    /* 退出主菜单 */
    else if( mSelect == 0)
    {
        mFlag = 0;  //将循环变量置为 0,退出 while 循环,主菜单将不再循环显示
    }
    else
    {
        printf("输入有误,请重新选择!\n");
    }
}
getchar();
getchar();
return 0;
}
```

3.4.4 累加求和

【任务描述】 设计程序求 1+2+…+100。要求用 while 语句和 do-while 语句两种方法分别实现。

【任务分析】 定义一个变量 sum 作为累加和,循环变量 i 从 1 变化到 100,每次增加 1。

【算法描述】 程序流程图如图 3-27 所示。

【实施代码】

方法 1:用 while 语句实现。

程序代码如下。

```
#include <stdio.h>
int main()
{
    int i = 1, sum = 0;
    while(i <= 100)
```

```
        {
            sum += i;
            i++;
        }
        printf("1+2+...+100 = %d\n",sum);
        getchar();
        getchar();
        return 0;
    }
```

方法 2：用 do-while 语句实现。
程序代码如下。

```
#include <stdio.h>
int main()
{
    int i = 1,sum = 0;
    do
    {
        sum += i;
        i++;
    } while(i <= 100);
    printf("1+2+...+100 = %d\n",sum);
    getchar();
    getchar();
    return 0;
}
```

图 3-27 求 1 到 100 累加和的程序流程图

请大家自行比较以上两种方法在语法和执行上的异同。累加求和算法是一类典型的循环结构算法，类似的算法还有 n 以内奇数求和、n 以内偶数求和、求 n 的阶乘等。请大家在此算法框架的基础上，修改程序，完成以上程序。

3.4.5 斐波那契数列

【任务描述】 有 1 对兔子，从出生后第 3 月起每个月都生 1 对小兔子，小兔子也是这样。假设兔子都不死，问第几个月后兔子总数超过 1000 对？即求 Fibonacci 数列的第几项的值首次超过 1000。

【任务分析】 兔子的对数依次为：1、1、2、3、5、8、13、…，称为 Fibonacci 数列。从第 3 项起，每 1 项都是前 2 项之和。通项公式如下。

$$f_n = \begin{cases} f_{n-2} + f_{n-1} & n \geqslant 3 \\ 1 & n = 1,2 \end{cases}$$

【算法描述】 需要 3 个变量，f1、f2、f，存放兔子对数；需要 1 个变量 c，存放月数。

```
f1 = 1,f2 = 1,c = 2;
while(f <= 1000)
{
```

```
        c++;
        f = f1 + f2;
        f1 = f2;
        f2 = f;
    }
    输出月数 c;
```

程序流程图如图 3-28 所示。

【实施代码】
```
#include<stdio.h>
int main()
{
    int f1,f2,f = 0,c;
    f1 = 1;f2 = 1;
    c = 2;
    while(f <= 1000)
    {
        f = f1 + f2;
        c++;
        f1 = f2;
        f2 = f;
    }
    printf("month = %d  rabbits = %d\n",c,f);
    getchar();
    getchar();
    return 0;
}
```

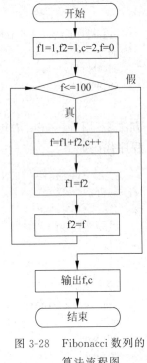

图 3-28 Fibonacci 数列的算法流程图

本任务的实施过程中，第 c 个月的时候，兔子的总数是 f，因此，当 f>1000 的时候，跳出循环，月数为 c，输出 c 和 f。

思考：如果要同时输出每个月的兔子数，应该如何改动？

这种在循环体中，某些量在每次循环前，需要按照一定的公式对其进行更新，从而影响下一次循环的算法，称为迭代。迭代算法是另一种常用的循环算法，就是在循环体内不断地利用公式更新变量的值，从而逐步满足结束条件，完成循环。最关键的是：①迭代公式的推导；②迭代语句的位置和计算结果。

3.4.6 百钱买百鸡

【任务描述】 百钱买百鸡问题，公鸡 5 钱 1 只，母鸡 3 钱 1 只，小鸡 1 钱 3 只。要用百钱买百鸡，设计程序求其所有组合。

【任务分析】 公鸡可能的只数是 0~20；母鸡可能的只数是 0~33；小鸡的只数是 100 减去公鸡数再减去母鸡数。这是一个穷举的问题：让公鸡只数从 0 到 20、母鸡只数从 0 到 33 变化，剩余为小鸡数。如果"公鸡只数×5＋母鸡只数×3＋小鸡只数/3＝100"，则符合百钱买百鸡，打印当前组合。

需要变量 g,m,x，分别存放公鸡的数量、母鸡的数量和小鸡的数量。

(1) 外层循环用来控制公鸡的数量,初值是 0,最大值是 20。

(2) 内层循环用来控制母鸡的数量,初值是 0,最大值是 33。

(3) 内层循环的循环体用来判断"公鸡只数×5+母鸡只数×3+小鸡只数/3=100",若条件成立,则输出当前公鸡、母鸡、小鸡的数量。

【算法描述】

程序流程图如图 3-29 所示。

【实施代码】

```
# include < stdio. h >
int main()
{
    int g = 0,m = 0,x;
    while(g < = 20)
    {   m = 0;
        while(m < = 33)
        {
            x = 100 - g - m;
            if((g * 5 + m * 3 + x/3) == 100)
                printf("%d %d %d\n",g,m,x);
            m++;
        }
        g++;
    }
    getchar();
    getchar();
    return 0;
}
```

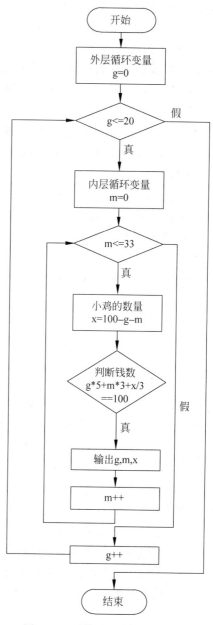

图 3-29　百钱买百鸡算法流程图

思考:此问题还有第一种思路,请同学们思考并比较。

这种把所有可能情况都列举出来,判断那些情况符合特定条件的循环算法,称为穷举算法。这是一种常用的循环算法,穷举算法通常是在循环体内设置判断语句。

本 章 小 结

本模块主要完成了"学生成绩管理系统"中的菜单显示与选择功能。在 main() 函数中完成包括主菜单和子菜单的循环显示和选择的所有代码。但是管理员和学生子菜单的各项功能尚未实现,只是完成了菜单,因此,在实现菜单命令的功能时只是输出一句提示语句,具体功能留待下一个模块完成。

(1) 算法是解决问题的步骤,通常在解决一个任务时,应该先设计解决任务的算法,然后画出算法流程图。在本模块中,我们学习了用传统流程图来表示算法。而在设计程序的时候,我们了解到任何一种程序都是由三种程序结构组成的,包括顺序结构、选择结构和循环结构。并且在 C 语言中提供专门的语句和语法来描述这三种结构,让我们可以编写程序解决任何问题。

(2) C 语言提供了专门的输入/输出函数。输入函数有 scanf() 函数、getchar() 函数、gets() 函数;输出函数有 printf() 函数、putchar() 函数,puts() 函数。系统将这些输入/输出函数放在了头文件 stdio.h 中,因此,如果程序中用到了任意一种输入/输出函数,必须在程序的开头部分加上 #include <stdio.h> 或 #include"stdio.h",否则程序将会报错。这三种输入/输出函数虽然都可以进行输入和输出,但是也各有区别。scanf() 函数和 printf() 函数可以对任意格式的数据类型进行输入和输出。getchar() 函数和 putchar() 函数专用于字符类型数据的输入和输出。而 gets() 函数和 puts() 函数专用于字符串的输入和输出。本模块中各个任务中的输入/输出功能选用的是 scanf() 函数和 printf() 函数。

(3) 空语句是只有一个分号的语句。在 C 语言中分号是一条语句结束的标记。因此,尽管只有一个分号,也是一条语句。复合语句指的是将多条语句用{}括起来,形成一个语句块。

(4) if 语句和 switch 语句都是选择结构用到的语句。其中,if 语句有三种形式,分别是:if、if-else 和 if-else if。if 语句一般用于二分支结构,但是通过 if 语句的多种形式和嵌套,也可以表示多分支结构。switch 语句通常用于多分支结构,并且一般和 break 语句连用,用于跳出 switch 语句。

(5) 以袁隆平等榜样人物的生平事迹进行拓展,归纳主线结构,梳理程序结构,潜移默化中增强个人自信、民族自信,树立正确的人生观、价值观;培养学生顾全大局、不计名利、甘为"人梯"的协作精神。

(6) 通过泡茶的流程,循序渐进地学习程序设计结构,提高学生的综合素养。

(7) 通过描绘自己的人生规划流程图,树立正确的专业规划和职业规划。

(8) 了解中国共产党的百年历程,树立家国情怀、发扬爱国精神。

(9) 培养学生举一反三、融会贯通的学习能力以及创造精神。

能 力 评 估

1. 你走过的人生是什么结构?当遇到困境或重要决定的时候,你作了何种选择?产生了何种不同的结果?你今后的人生应如何循环设计?画出自己的人生规划流程图,树立正确的专业规划和职业规划。

2. 党的百年发展历程又可以如何描绘呢?中国共产党已成立一百多年,取得了举世瞩目的成绩,请你画出中国共产党百年发展的流程图。

3. 以下代码中,x 最后的值是多少?

```
x = -1;
do
{
    x = x * x;
}while(!x);
```

4. 以下代码中,x 最后的值是多少?

```
x = -1;
while(!x)
{
    x = x * x;
}
```

5. 以下代码中,num 最后的值是多少?

```
int num = 0;
while(num <= 2)
{
num++;
printf("%d\n",num);
}
```

6. 总结用 if 语句实现多选和用 switch 语句实现多选的应用场合,它们有何不同。

7. 输入整数 a 和 b,若 $a^2+b^2>100$,则输出 a^2+b^2 百位以上的数字,否则输出两数之和。

8. 求解一元二次方程 $ax^2+bx+c=0$ 的根的情况,a,b,c 参数从键盘输入。

9. 已知某公司员工的保底薪水为 500 元,某月所接工程的利润 profit(整数)与利润提成的关系如下(计量单位:元)。输入月利润 profit,求员工的薪水 salary。

profit≤1000	没有提成
1000 < profit≤2000	提成 10%
2000 < profit≤5000	提成 15%
5000 < profit≤10000	提成 20%
10000 < profit	提成 25%

10. 要求从键盘上输入一个 10~100000 的整数,将除其最高位数外的数字输出。

11. 输出整数 N 的所有因子(除去 1 和自身)的平方和。

12. 计算:$1+\dfrac{-1}{2^2}+\dfrac{1}{3^2}+\dfrac{-1}{4^2}+\cdots+\dfrac{(-1)^{m-1}}{m^2}$ 的值,其中 m 从键盘输入。

13. 输出 N 以内最大的 6 个能被 3 或 5 整除的数。

14. 现有红色、黑色、白色共 15 个球,要从中间取 8 个球,规则如下:至少有一个黑色球,红色球不得多于 4 个,请问共有多少种取法。

15. 做 10 以内的加/减/乘/除法题,要求每次出 1 道题,操作数随机生成,每题 25 分,用户答题后给出分数和鼓励语。提示:查取随机数系列函数的用法。

第 4 章　学生成绩管理

第 3 章完成了学生成绩管理系统的主菜单和子菜单两级菜单,本章主要完成学生成绩管理的各项功能。该项目中的用户角色分为两种:管理员和学生。管理员的功能有学生成绩添加和浏览、学生成绩统计、学生成绩排序等;学生的功能有学生成绩查询。本章主要采用模块化程序设计的方法实现这些功能,即将这些功能抽取成自定义的函数,并在已完成的子菜单中调用这些函数。本章相关知识点是全国二级 C 语言程序设计等级考试的重要考点,需要大家加强学习意识,提高学习效率。

工作任务

- 任务 4.1　学生成绩添加和浏览
- 任务 4.2　学生成绩统计
- 任务 4.3　学生成绩排序
- 任务 4.4　学生成绩查询

学习目标

知识目标
(1) 掌握一维数组的定义和应用。
(2) 掌握 for 循环语句的应用。
(3) 掌握自定义函数的定义和调用方法。
(4) 掌握二维数组的定义和应用。

能力目标
(1) 能够熟练掌握一维数组和 for 循环语句进行综合应用。
(2) 能够熟练使用函数进行模块化的程序设计。
(3) 能够熟练掌握二维数组进行程序设计和综合应用。

素质目标
(1) 引导学生沉浸式学习,解决习得性无助问题,提高学生的学习兴趣。
(2) 在学习过程中,进一步培养积极的学习态度,提高专业学习效率。
(3) 引导学生进行技能拓展和自主学习,提高专业水平。
(4) 培养学生模块化的编程思维,养成规范化、标准化的编码习惯,提高专业素养。

任务 4.1　学生成绩添加和浏览

任务描述与分析

在完成了主菜单和两种用户的子菜单后,要分别实现各个子菜单的功能。要进行学生成绩的管理,必须先将学生的成绩添加进去,并能够正确地浏览出来。因此,周老师要求每个项目组实现管理员子菜单中的班级成绩添加功能和班级成绩浏览功能,即将班级30名同学的 C 语言成绩添加到系统中,并能够正确地进行成绩浏览。

任务实现效果如图 4-1 和图 4-2 所示。系统运行时,首先进入主菜单,然后选择 1 以管理员身份进入管理员子菜单。继续选择 1,输入 30 名同学的 C 语言成绩。接着选择 2,输出 30 名同学的学号和对应的 C 语言成绩。

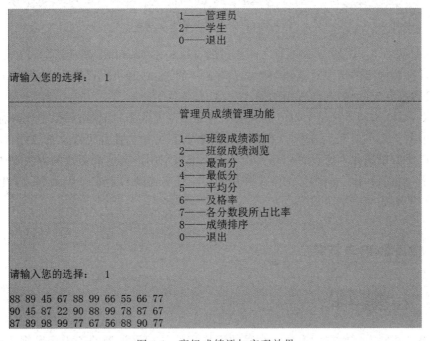

图 4-1　班级成绩添加实现效果

要完成这个任务,周老师要给项目组的同学分析一下需要掌握哪些知识。

首先,要确定用哪种数据结构来存储 30 名同学的成绩。假设成绩都是整数,如果用之前学过的整型变量来存储 30 名同学的成绩,需要定义 30 个整型变量,显然是不合适的。因此,需要学习一种新的数据结构,那就是一维数组,只需要定义一个长度为 30 的一维整型数组就可以了。

其次,要将 30 名同学的成绩从键盘输入并存储到一维数组中,可以用之前学过的 scanf()和 printf()输入/输出函数实现。但是,如果一个一个地进行输入添加和输出浏览,需要在程序中写 30 条 scanf 和 printf 语句,显然也不合理。因此,要学习一个新的循

```
              管理员成绩管理功能

              1——班级成绩添加
              2——班级成绩浏览
              3——最高分
              4——最低分
              5——平均分
              6——及格率
              7——各分数段所占比率
              8——成绩排序
              0——退出

请输入您的选择:   2
1--Score: 88    2--Score: 89    3--Score: 45    4--Score: 67    5--Score: 88
6--Score: 99    7--Score: 66    8--Score: 55    9--Score: 66    10--Score: 77
11--Score: 90   12--Score: 45   13--Score: 87   14--Score: 22   15--Score: 90
16--Score: 88   17--Score: 99   18--Score: 78   19--Score: 87   20--Score: 67
21--Score: 87   22--Score: 89   23--Score: 98   24--Score: 99   25--Score: 77
26--Score: 67   27--Score: 56   28--Score: 88   29--Score: 90   30--Score: 77
```

图 4-2 班级成绩浏览实现效果

环语句,那就是 for 语句。不同于之前学过的 while 和 do-while 循环语句,for 语句一般用于循环次数固定的情况。这里,就可以只写一条 scanf 和 printf 语句,利用 for 语句循环 30 次即可完成 30 名同学成绩的输入和输出。

最后,可以添加子菜单中对应的成绩添加和浏览的代码。但是,如果将代码直接写到主函数中的子菜单处理代码中,代码的复用性和程序的结构性和可读性都较差。因此,采用应用广泛的模块化程序设计思路。周老师要求采用用户自定义函数的方法实现这些功能。要学习新的知识——函数的定义和调用。本任务需要自定义 2 个函数:学生成绩添加函数和学生成绩浏览函数。

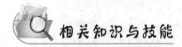

4.1.1 一维数组

数组是相同类型数据的有序集合。数组描述的是相同类型的若干个数据,这些数据按照一定的先后次序排列组合。其中,每个数据称作一个数组元素,每个数组元素可以通过一个下标来访问它们。数组有以下两个特点。

(1) 其长度是确定的,在定义的同时确定了其大小,在程序中不允许变动。

(2) 其元素的类型必须相同,不允许出现混合类型。

1. 一维数组的定义

定义数组的语法格式如下。

<数据类型><数组名>[<常量表达式>]

其中,数据类型任一种基本数据类型或构造数据类型;数组名是有效的用户自定义标识符;常量表达式表示数据元素的个数,也称为数组的长度。

例如:

```
int a[10] ;         //声明整型数组 a,有 10 个元素
char ch[20];        //声明字符型数组 ch,有 20 个元素
double d[5];        //声明双精度型数组 d,有 5 个元素
```

定义一个数组后,系统会在内存中分配一片连续的存储空间用于存放数组元素,元素的下标从 0 开始。例如,定义一个长度为 10 的整型数组 int a[10],数组元素在内存的存储形式如图 4-3 所示。

a[0]	
a[1]	
a[2]	
a[3]	
a[4]	
a[5]	
a[6]	
a[7]	
a[8]	
a[9]	

图 4-3　数组 a 在内存的数据元素存储形式

2. 一维数组的引用

一维数组元素的引用形式为“数组名[下标]”。

例如,定义一个整型数组 a,分别给每个数组元素赋值为它的下标,代码如下。

```
int a[5];
a[0] = 0; a[1] = 1; a[2] = 2; a[3] = 3; a[4] = 4;
```

3. 一维数组的初始化

可以在定义数组的同时给数组元素赋初值,例如:

```
int a[10] = {0,1,2,3,4,5,6,7,8,9};
```

可以只给数组的部分元素赋值,例如:

```
int a[10]  =  {0,1,2,3,4};
//只给 a[0]到 a[4]赋值,a[5]以后的元素自动赋 0
```

如果要给全部元素赋值,则定义数组的时候可以不给出数组的长度,例如:

```
int a[]  =  {1,2,3,4,5};
```

4.1.2　for 语句

for 语句是一种循环语句。for 循环一般用于循环次数可定的情况;也可用于不能确定的情况,大大简化了循环的书写。

1. for 语句的定义

for 语句的语法格式如下。

```
for(表达式 1; 表达式 2; 表达式 3)
    循环体;
```

其中,表达式1给循环变量赋初值;表达式2是循环条件,若为真,执行循环体;表达式3用于设置循环变量变化的步长。

在整个循环过程中,表达式1执行1次;表达式2执行的次数由循环条件决定;表达式3执行的次数比表达式2执行的次数少一次。图4-4所示为for循环的流程图。

那么for语句和之前学过的while、do-while语句有什么区别呢?for循环本质上就是while循环,条件表达式的执行次数比循环体和表达式3的执行次数多1。

可以通过for循环给上面学到的一维数组元素循环赋值,例如:

```
int a[5];
for(i=0;i<5;i++)
    scanf("%d",&a[i]);
```

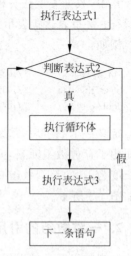

图4-4 for循环的流程图

这样,对一个长度为5的数组进行赋值,通过for循环,只须写一条scanf语句即可,循环执行5次。

2. for循环的嵌套

在循环体中可以出现语句的地方,都允许出现循环语句,称为循环的嵌套。内层的称为内循环,外层的称为外循环。例如:

```
for(i=1;i<10;i++)
    for(j=1;j<10;j++)
        printf("%d*%d=%d\n",i,j,i*j);
```

以上代码中,外层循环变量i的值每变化1次,内层循环都要执行1轮,因此共输出9×9=81(次)。

【例4-1】 设计程序,打印九九乘法表,如图4-5所示。

```
int main()
{
    int i,j;
    for(i=1;i<=9;i++)
    {
        for(j=1;j<=i;j++)
            printf("%d*%d=%d\t",i,j,i*j);      //输出每行
        printf("\n");                          //换行
    }
    getchar();
    getchar();
    return 0;
}
```

```
1×1=1
2×1=2   2×2=4
3×1=3   3×2=6   3×3=9
4×1=4   4×2=8   4×3=12  4×4=16
5×1=5   5×2=10  5×3=15  5×4=20  5×5=25
6×1=6   6×2=12  6×3=18  6×4=24  6×5=30  6×6=36
7×1=7   7×2=14  7×3=21  7×4=28  7×5=35  7×6=42  7×7=49
8×1=8   8×2=16  8×3=24  8×4=32  8×5=40  8×6=48  8×7=56  8×8=64
9×1=9   9×2=18  9×3=27  9×4=36  9×5=45  9×6=54  9×7=63  9×8=72  9×9=81
```

图 4-5 九九乘法表

【例 4-2】 设计程序，打印一个等腰三角形，如图 4-6 所示。

```
int main()
{
    int i, j;
    for(i = 1; i <= 5; i++)
    {
        for(j = 1; j <= 5 - i; j++)        //输出前面的空格
            printf(" ");
        for(j = 1; j <= 2 * i - 1; j++)    //输出 *
            printf(" * ");
        printf("\n");                       //换行
    }
    getchar();
    getchar();
    return 0;
}
```

```
    *
   ***
  *****
 *******
*********
```

图 4-6 等腰三角形

4.1.3 再识函数——函数的定义和调用

在第 1 章中，我们已经初识函数。函数是 C 程序的基本模块，也是模块化编程的基本单元。C 语言不仅提供了丰富的标准库函数。还允许用户创建自定义的函数。

1. 函数的定义

所有函数的地位都是平等的，它们在定义时都是平行的，任何函数不能定义在其他函数内部。定义函数的语法格式如下。

```
返回值类型 函数名(形式参数列表)
{
    函数体(包含说明部分和语句部分);
}
```

(1) 函数名：注意见名识意，函数名一般采用 Pascal 命名规范。
(2) 形式参数(形参)列表：为了实现函数的功能，必需的原始输入数据，应该设置为形参。注意每个形参都必须有类型说明，即使所有形参都属于同一类型。注意，在定义函数时,可以认为这些形参已经有值了,不要在函数内为它们输入值或赋值。因为它们的值在进行函数调用时,会由实参传递过来。

(3) 返回值类型:表示函数返回值的数据类型,若函数不返回确定的值,则返回类型为 void,默认的返回值类型为 int。如果函数中 return 语句的表达式类型与所定义的函数返回值类型不同,以函数的返回值类型为准。

(4) 函数体:包含了实现函数功能所必需的中间变量定义和相关语句。如果函数有确定的返回值,必须用 return 语句返回。若返回值类型为 void,可以没有此语句,或者写 1 条空的 return 语句(return;)。

2. 函数的调用

main()函数是主函数,它可以调用其他函数,而不允许被其他函数调用,其他函数都是可以被调用的。程序执行时总是从主函数开始,完成对其他函数的调用后再返回主函数,在主函数中结束整个程序的运行。一个 C 程序有且只能有 1 个 main()函数。

调用函数的语法格式如下。

函数名(实际参数列表)

其中,实际参数(实参)与函数定义时的形参必须在数量、顺序、类型上完全一致。函数的返回值类型如果为空,则直接在此表达式后加分号,形成函数调用表达式语句。如果函数的返回值类型不为空,则此表达式可以作为一个值,参与此返回值类型数据的任何运算。

调用函数时,有两个关键的知识点必须正确理解。

(1) 函数调用流程的转换。C 程序的执行,一开始总是从 main()函数开始。当遇到函数调用时,流程会从主调函数转到被调函数。首先进行参数传递,形参得到值后,开始逐条执行被调函数中的语句。当遇到 return 语句时,流程再转回主调函数。如果函数的返回值类型不为 void,则返回值也被带回到主调函数,主调函数继续执行。

注意,被调函数中可以有多条 return 语句,但只要被调函数中执行到某条 return 语句,就会立即返回。不存在执行到多条 return 语句的情况。函数调用时,流程的转换如图 4-7 所示。

(2) 参数的传递。以上多次提到形参和实参,首先必须知道它们的作用;其次,必须理解参数传递的内在过程。

在函数定义中提到,为了实现函数的功能,必需的原始输入数据应该设置为形参。形参是为了实现函数功能所必需的原始条件。那么,实参就是在函数调用时,把外界的原始值传递给形参(也就是传递给函数)的信使。函数是个黑盒子,外界就是通过实参把原始数据传送给形参,然后,函数就可以按设计的功能得到结果。如果每次函数调用时实参的值不同,那么,函数可以根据得到的不同的值,按照设计功能进行运算,得到不同的输出值,而功能不变。这就是模块化程序设计的核心理念:函数是个可复用的软件组件,在不同的环境下,都可以按照设计功能得到结果。形参和实参的关系如图 4-8 所示。

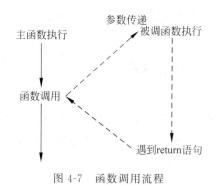

图 4-7 函数调用流程　　　　图 4-8 函数实参和形参的关系

可见,实参必须是具备确定值的常量、变量或表达式,并且实参与形参必须在数量、顺序、类型上完全一致。

(3) 值传递和地址传递。实参把自己的值传递给形参,分两种情况:值传递和地址传递。

当实参和形参都是普通的变量时,实参就是把变量的值传递给形参,称为值传递。此时,实参占用一套内存单元,形参占用另一套内存单元,实参把值传递给形参后,它们就再无关系,任何一方的变动都不会影响对方。通过图 4-9 可以清楚地理解这一过程。

当实参和形参都是数组名这样的数据时,实参仍然是把自己的值传递给形参,但此时的值是一个地址。也就是说,实参把自己的地址传递给形参,称为地址传递。如图 4-10 所示,实参和形参是同一地址值,也就是指向同一段内存单元,任何一方的变动就是另一方的变动,肯定是相互影响的。此时,在定义形参数组时,其类型必须与实参数组相同,其长度不能大于实参数组,也可以省略其长度,因为两个数组是共用存储单元的。

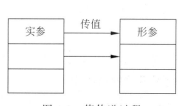　　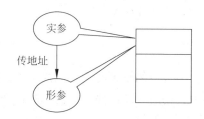

图 4-9 值传递过程　　　　图 4-10 地址传递过程

4.1.4 编写成绩添加语句和浏览函数

通过以上知识的学习,项目组就可以实施学生成绩添加和浏览的任务了。利用函数实现成绩的添加和浏览。①设计函数 addScore() 添加学生成绩,并在 main() 函数的管理员子菜单的添加成绩的分支中,调用 addScore() 函数完成任务。②设计函数 ListScore()

浏览学生成绩。在 main()函数的管理员子菜单的浏览成绩的分支中,调用 listScore()函数完成任务。

1. 学生成绩添加:addScore()函数的设计和调用

1)功能描述

此函数要实现整个班级 C 语言课程成绩的输入,因此,此函数需要的形参是数组,在函数体内为形参数组输入值,则实参数组也会得到该值,所以返回值类型为 void。

2)函数设计

(1)函数名:addScore。

(2)形参:1 个整形数组,长度为 N(在函数外指定一个常量来表示,#define N 30)。

(3)返回值类型:void。

(4)函数原型:

```
返回值类型 函数名(整型形参数组名[N])
{
    for(i = 0;i < N;i++)
        scanf(元素);
}
```

3)函数实现

在函数体中声明 1 个循环变量 i,用循环语句输入形参数组所有元素的值。

```
void addScore(int s[])
{
    int i;
    for(i = 0;i < N;i++)
        scanf("%d",&s[i]);
}
```

4)函数调用

在主函数中的菜单实现代码之前,定义长度为 N 的实参数组作为实参。在管理员子菜单实现代码的成绩添加分支内,以"函数名(实参数组名)"调用函数。

```
void main()
{
    int score[N];
    …
        case 1:
            addScore(score);break;
    …
}
```

2. 学生成绩浏览:listScore()函数的设计和调用

1)功能描述

此函数要实现整个班级 C 语言课程成绩的输出。因此,此函数需要的形参是数组,在函数体内输出形参数组,就是输出实参数组,所以返回值类型为 void。

2) 函数设计

(1) 函数名:listScore。

(2) 形参:1 个整形数组,长度为 N。

(3) 返回值类型:void。

(4) 函数原型:

```
返回值类型 函数名(整型形参数组名[N])
{
    for(i = 0;i < N;i++)
        printf(元素);
}
```

3) 函数实现

在函数体中声明 1 个循环变量 i,用循环语句输出形参数组所有元素的值。

```
void listScore(int s[])
{
    int i;
    for(i = 0;i < N;i++)
    {
        printf("%d--Score: %d\t",i+1,s[i]);
    }
}
```

4) 函数调用

在主函数中,声明 1 个长度为 N 的实参数组作为实参,在管理员子菜单实现代码的成绩浏览分支内,以"函数名(实参数组名)"调用 listScore()函数。

```
void main()
{
    int score[N];
    …
        case 2:
            listScore (score);break;
    …
}
```

运行分析:输出形参数组 s 的值,就相当于输出实参数组得到 score 的值。

任务拓展

4.1.5 输出 100 以内的所有素数

【任务描述】 设计函数 isPrime()判断某个数是否为素数,并输出 100 以内的所有素数。提示,素数是指只能被 1 和自己整除的数,1 不是素数。

【任务分析】 isPrime()函数的设计和调用方案如下。

（1）确定函数名：isPrime。

（2）确定函数参数类型和传值方式：1个int参数，函数判断它是否为素数，是值传递。

（3）确定函数返回值类型：int(为素数返回1,否则返回0)。

（4）确定函数中算法：先定义一个开关变量flag,初始化flag为1。然后利用for循环，依次将2到num-1的所有数来整除num。一旦有数能够整除num,就将flag赋值为0,并利用break语句退出for循环。最后返回flag。如果flag的值为1,num就是素数；否则num就不是素数。

（5）确定函数调用：在主函数中调用,利用for循环穷举调用isPrime()函数,若是素数则输出。

【实施代码】

```c
int isPrime(int num)
{
    int  i,  flag = 1;
    for(i = 2; i < num; i++)
    {
        if(num % i == 0)
        {
            flag = 0;
            break;
        }
    }
    return flag;
}

#include <stdio.h>
int main()
{
    int i;
    for(i = 2;i <= 100;i++)
        if(isPrime(i))printf("%d is prime\t",i);
    getchar();
    getchar();
    return 0;
}
```

跳出循环经常用到的是break语句和continue语句,但是这两种语句是有区别的。

break语句用于跳出switch语句或循环语句。经常与if语句一起使用,满足条件时跳出循环,只能跳出其所在的那一层循环。

continue语句用于结束本次循环,跳过循环体中剩余的语句,直接执行下次循环。

在本任务的实施中,使用break语句跳出for循环,从而减少循环次数。而在函数调用时,由于函数的返回值类型是整数,函数是作为if语句的判断条件进行调用的。主函数中,利用for语句判断2～100的所有数是否是素数,如果函数返回1,则输出是素数；否则不输出。

4.1.6 输出所有水仙花数

【任务描述】 设计函数 isShuiXianHua()判断某数是否为水仙花数,并输出所有的水仙花数。对一个三位数,若每一位数字的立方和等于该数本身,则称这个三位数为水仙花数。

【任务分析】 isShuiXianHua()函数的设计和调用方案如下。

(1) 确定函数名:isShuiXianHua。

(2) 确定函数参数类型和传值方式:1 个 int 参数,函数判断它是否为水仙花数,是值传递。

(3) 确定函数返回值类型:int(为水仙花数返回 1,否则返回 0)。

(4) 确定函数中算法:要判断形参 m 是否是水仙花数,首先取出 m 的百、十、个三位数字放到变量 m1、m1、m3 中。然后计算三位数字的立方和并赋值到变量 n 中。最后判断 m 和 n 是否相等,如果相等就返回 1,否则返回 0。

(5) 确定函数调用:在主函数中调用,利用 for 循环穷举调用 isPrime()函数,若是素数则输出。

【实施代码】

```
int isShuiXianHua (int  m)
{
    int m,m1,m2,m3,n;
    m1 = m/100;
    m2 = m/10 % 10;
    m3 = m % 10;
    n = m1 * m1 * m1 + m2 * m2 * m2 + m3 * m3 * m3;
    if(m == n)
        return 1;
    else
        return 0;
}

#include <stdio.h>
int main()
{
    int i;
    for(i = 100;i <= 999;i++)
        if(isShuiXianHua (i))printf("% d is ShuiXianHua \t",i);
    getchar();
    getchar();
    return 0;
}
```

本任务的函数设计中,主要运用了各种运算符进行运算。在函数调用时,由于函数的返回值类型是整数,函数也是作为 if 语句的判断条件进行调用的。主函数中,利用 for 语句判断 100~999 的所有的三位数是否是水仙花数,如果函数返回 1,则输出是水仙花数;否则不输出。

4.1.7 输出21世纪所有闰年

【任务描述】 设计函数 isLeapYear() 判断某年是否为闰年,并输出21世纪所有的闰年。闰年指的是能被4整除但不能被100整除,或者能被400整除的年份。

【任务分析】 isLeapYear() 函数的设计和调用方案如下。

(1) 确定函数名:isLeapYear。

(2) 确定函数参数类型和传值方式:1个int参数,函数判断它是否为闰年,是值传递。

(3) 确定函数返回值类型:int(为闰年返回1,否则返回0)。

(4) 确定函数中算法:先定义一个标志变量flag,初始化为0。然后判断形参y是否是闰年。若是,flag赋值为1,如果flag的值为1,y就是闰年,否则就不是闰年。

(5) 确定函数调用:在主函数中调用,利用for循环穷举调用 isLeapYear() 函数,若是闰年则输出。

【实施代码】

```
#include <stdio.h>
int isLeapYear(int y)
{
    int flag = 0;
    if(y%4 == 0&&y%100!= 0||y%400 == 0)
        flag = 1;
    return flag;
}
int main()
{
    int y;
    for(y = 2000;y <= 2099;y++)
        if(isLeapYear(y))
            printf("%d is leap year !\n",y);
    getchar();
    getchar();
    return 0;
}
```

本任务的函数设计中,设计了一个标识变量flag,其值为1表示该年份是闰年,值为0表示该年份不是闰年。而在函数调用时,由于函数的返回值类型是整数,函数也是作为if语句的判断条件进行调用的。主函数中,利用for语句判断2000年到2099年间的所有年份是否是闰年,如果函数返回1,则输出是闰年;否则不输出。

任务4.2 学生成绩统计

任务描述与分析

任务4.1中完成了学生成绩的添加和浏览,现在周老师想对学生成绩做一些统计工作,如求最高分、最低分、平均分、及格率、各分数段人数占全体学生数的比例等。

任务实现效果如图 4-11 所示。系统运行时,首先进入主菜单,然后选择 1 以管理员身份进入管理员子菜单。接着分别选择 3~7 进入学生成绩统计功能。选择 3,实现求班级成绩最高分功能,输出班级成绩的最高分。选择 4,实现求班级成绩最低分功能,输出班级成绩的最低分。选择 5,实现求班级成绩的平均分功能,输出班级成绩的平均分。选择 6,实现求班级成绩的及格率功能,输出班级成绩的及格率。选择 7,实现求各分数段人数占全体学生数的比例功能,输出各分数段所占比例。

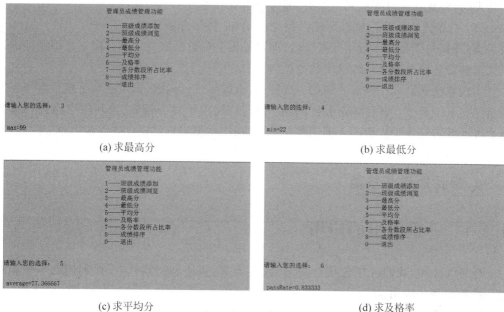

(a) 求最高分　　　　　　　　　　(b) 求最低分

(c) 求平均分　　　　　　　　　　(d) 求及格率

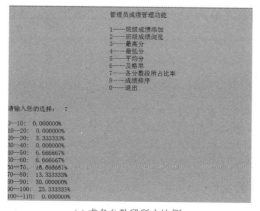

(e) 求各分数段所占比例

图 4-11　学生成绩统计

要完成这个任务,周老师要给项目组的同学们分析一下需要掌握哪些知识。本任务主要涉及以下一些数组的常用算法。

(1) 数组元素的求最大值算法。假设最大值为首元素,然后用循环语句将其余元素与之比较,随时调整最大值,即可求出整个数组的最大值。

(2) 数组元素的求最小值算法。假设最小值为首元素,然后用循环语句将其余元素与之比较,随时调整最小值,即可求出整个数组的最小值。

(3) 数组元素的求平均值算法。假设数组中所有元素的和为 0,然后用循环语句,将所有数组元素都累加到数组和中,此时得到整个数组的和,用数组和除以数组元素个数,即可求出整个数组的平均值。

(4) 数组元素的求及格率算法。用循环语句,将值大于等于 60 的元素进行计数。循环结束后,将此数除以数组元素个数,即可求出及格率。

(5) 数组元素的分段统计算法。用循环语句,将某分数段的元素进行计数。循环结束后,将计算的个数除以数组元素个数,即可输出该分数段所占比例。接下来用循环语句可求出各分数段人数占全体学生数的比例。

实现算法来完成任务需要应用一维数组,也需要设计函数、调用函数实现。本任务需要自定义 5 个函数:求最高分函数、求最低分函数、求平均分函数、求及格率函数和求各分数段人数占全体学生数的比例函数。最后,在添加子菜单实现代码中调用对应的函数。

相关知识与技能

4.2.1 一维数组的应用

任务 4.1 中,我们已经学习了一维数组的定义、引用和初始化,下面利用已学知识来对一维数组进行应用。

【例 4-3】 从键盘输入 10 个整型数据,找出其中的最大值并输出。

(1) 设计函数,利用循环输入 10 个整型数据,给数组元素赋值。

```
void input(int s[])
{
    //输入 10 个整型数据
    int i;
    printf("请输入 10 个整数:");
    for(i = 0;i < 10;i++)
        scanf(" % d",&s[i]);
}
```

(2) 设计函数,找出最大值。

```
int max(int s[])
{
    //找出最大值
    int i,max;
    max = s[0];      //假设最大值为首元素
    for(i = 1;i < M;i++)
        if(s[i]> max)
```

```
            max = s[i];
        return max;
}
```

(3) 函数调用,输出最大值。

```
int main()
{
    int a[10],max;
    input(a);
    max = max(a);
    printf("max = % d\n",max);
    getchar();
    getchar();
    return 0;
}
```

任务实施

4.2.2　设计成绩统计函数

通过以上知识的学习,项目组就可以实施学生成绩统计的任务了。利用函数实现求最高分、最低分、平均分、及格率、各分数段人数占全体学生数的比例等功能。

(1) 设计函数 maxScore()求最高分,并在 main()函数的管理员子菜单实现代码的求最高分的分支中,调用 maxScore()函数,完成任务。

(2) 设计函数 minScore()求最低分。并在 main()函数的管理员子菜单实现代码的求最低分的分支中,调用 minScore()函数,完成任务。

(3) 设计函数 avgScore()求平均分。并在 main()函数的管理员子菜单实现代码的求平均分的分支中,调用 avgScore()函数,完成任务。

(4) 设计函数 passRate()求及格率。并在 main()函数的管理员子菜单实现代码的求及格率的分支中,调用 passRate()函数,完成任务。

(5) 设计函数 segScore()求各分数段人数占全体学生数的比例。并在 main()函数的管理员子菜单实现代码的求各分数段人数占全体学生数的比例的分支中,调用 segScore()函数,完成任务。

1. 求最高分函数 maxScore()的设计和调用

1) 功能描述

此函数要求出整个数组中的最大值。因此,此函数需要的形参是数组,在函数内求出最大值,所以返回值为最大值,是 int 型。

2) 函数设计

(1) 函数名:maxScore。

(2) 形参:1个整形数组,长度为 N(在函数外指定一个常量来表示, #define N 30)。

(3) 返回值类型：int。

(4) 函数原型：

返回值类型 函数名(整型形参数组名[N])
{
    max = 首元素；
    for(i = 1;i < N;i++)
        用 if 语句判断,若当前元素大于 max,
        则 max 赋值为当前元素
    return max;
}

3) 函数实现

在函数体中设最大值为首元素,然后用循环语句,将其余元素与之比较,随时调整最大值,即可求出整个数组的最大值。

```c
int maxScore(int s[])
{
    int i,max;
    max = s[0];
    for(i = 1;i < M;i++)
        if(max < s[i])
            max = s[i];
    return max;
}
```

4) 函数调用

在主函数中,用已有值的成绩数组作为实参,在管理员子菜单实现代码的成绩统计分支内调用 maxScore()函数。

```c
int main()
{
    int score[N];
    …
        case 3:
        maxScore (score);break;
            …
}
```

2. 求最低分函数 minScore()的设计和调用

此函数要求出整个数组中的最小值,因此,此函数需要的形参是数组,在函数内求出最小值,所以返回值为最小值,是 int 型。

1) 函数设计

(1) 函数名：minScore。

(2) 形参：1 个整形数组,长度为 N。

(3) 返回值类型：int。

(4) 函数原型:

返回值类型 函数名(整型形参数组名[N])
{
    min = 首元素;
    for(i = 1;i < N;i++)
        用 if 语句判断,若当前元素小于 min,
        则 min 赋值为当前元素
    return min;
}

2) 函数实现

在函数体中声明1个循环变量 i,1个存放最小值的变量 min,然后设最小值为首元素,再用循环语句将其余元素与之比较,随时调整最小值,即可求出整个数组的最小值。

```
int minScore (int s[])
{
    int i,min;
    min = s[0];
    for(i = 1;i < M;i++)
        if(s[i]< min)
            min = s[i];
    return min;
}
```

3) 函数调用

在主函数中,用已有值的成绩数组作为实参,在管理员子菜单实现代码的成绩统计分支中直接调用 minScore()函数。

```
int main()
{
    int score[N];
    ...
        case 4:
            minScore (score);break;
        ...
}
```

3. 求平均分函数 avgScore()的设计和调用

1) 功能描述

此函数要求出整个数组的平均值,因此,此函数需要的形参是数组,在函数内求出平均值,所以返回值为平均值,是 float 型。

2) 函数设计

(1) 函数名:avgScore。

(2) 形参:1个整形数组,长度为 N。

(3) 返回值类型:float。

(4) 函数原型：

返回值类型　函数名(整型形参数组名[N])
{
　　sum = 0;
　　for(i = 1;i < N;i++)
　　把当前元素值累加到 sum 中；
　　average 的值为 sum 除以数组元素个数
　　return average;
}

3) 函数实现

在函数体中声明 1 个循环变量 i,1 个存放数组和的变量 sum。假设数组中所有元素的和为 0,然后用循环语句,将所有数组元素都累加到数组和里,用数组和除以数组元素个数。即可求出整个数组的平均值。

```
float avgScore(int s[ ])
{
    int i,sum = 0;
    float average;
    for(i = 0;i < M;i++)
        sum += s[i];
    average = sum * 1.0/M;
    return average;
}
```

4) 函数调用

在主函数中,用已有值的成绩数组作为实参,在管理员子菜单的成绩统计分支内,以"函数名(实参数组名)"格式调用 avgScore()函数。

```
int main()
{
    int score[N];
    ...
    case 5:
        avgScore (score);break;
        ...
}
```

4. 求及格率函数 passRate()的设计和调用

1) 功能描述

此函数要求出整个数组中值大于等于 60 的元素所占的比例,因此,此函数需要的形参是数组,在函数内求出该比例,所以返回值为 float 点型。

2) 函数设计

(1) 函数名：passRate。

(2) 形参：1 个整形数组,长度为 N。

(3) 返回值类型：double。
(4) 函数原型：

返回值类型 函数名(整型形参数组名[N])
{   num = 0
    for(i = 0;i < N;i++)
       用 if 语句判断,若当前元素大于等于 60,则 num++
    return num * 1.0/N;
}

3) 函数实现

在函数体中声明 1 个循环变量 i,1 个存放计数值的变量 num。利用循环语句,将值大于或等于 60 的元素进行计数。循环结束后,将此数除以数组元素个数,即可返回及格率。

```
double passRate(int s[])
{
    int i,num = 0;
    for(i = 0;i < N;i++)
        if(s[i]> = 60)
            num++;
    return num * 1.0/N;
}
```

4) 函数调用

在主函数中,用已有值的成绩数组作为实参,在管理员子菜单实现代码的成绩统计分支内,以"函数名(实参数组名)"调用 passRate()函数。注意输出时的格式控制,要输出"67％"这样的格式。

```
int main()
{
    int score[N];
    ...
        case 6:
            passRate (score);break;
    ...
}
```

5. 求各分数段人数占全体学生数的比例函数 segScore()的设计和调用

1) 功能描述

此函数要求出数组中每 10 分一段各分数段学生的人数,以及此段元素的数量占总数的比例。因此,此函数需要的形参是数组以及分数段的首尾值。在函数体内求出该分数段所占比例,所以返回值为该分数段所占比例,是 float 型。

2) 函数设计

(1) 函数名：segScore。
(2) 形参：1 个整形数组,长度为 N；2 个整型参数分别是某分数段的首尾值。

(3) 返回值类型:double。

(4) 函数原型:

返回值类型 函数名(整型形参数组名[N],整型分数段的起始值,整型分数段的终止值)
{
  num 初始化为 0;
  for(i = 0;i < N;i++)
    如果当前元素在分数段内则 num++;
}

3) 函数实现

在函数体中声明 1 个循环变量 i、1 个存放计数值的变量 num。在函数体中利用循环语句将某分数段的元素进行计数。循环结束后,将计算的个数除以数组元素个数,返回比例值。

```
double segScore(int s[M],int a,int b)
{
    int i,num = 0;
    double p = 0;
    for(i = 0;i < M;i++)
    {
        if(b == 100)
        {
            if(s[i]> = a&&s[i]< = b)
                num++;
        }
        else if(s[i]> = a&&s[i]< b)
            num++;
    }
    p = num * 1.0/M;
    return p;
}
```

4) 函数调用

在主函数中,用循环将各分数段比例分别计算输出,用已有值的成绩数组和分数段的首尾值作为实参,在管理员子菜单实现代码的成绩统计分支内,以"函数名(实参组名,分数段的起始值,分数段的终止值)"格式调用 segScore()函数。

```
int main()
{
    int score[N];
    …
        case 6:
            for(i = 0;i < 10;i++)
                printf("%d-- %d之间的比例为%.0f%%\n",i * 10,(i + 1) * 10,
                    segScore(score,i * 10,(i + 1) * 10) * 100);
            break;
    …
}
```

任务拓展

4.2.3 二维数组的应用

【任务描述】 每个项目组目前已完成了成绩的添加和浏览,以及成绩的统计。接下来,周老师说班级共 30 名同学,分成 5 个项目组,每组 6 人,我想知道班级 C 语言成绩的最高分。

【任务分析】 可以使用二维数组来存放班级同学的 C 语言成绩,每一行存放一组同学的成绩,就需要使用到二维数组。下面介绍二维数组的相关知识。

1. 二维数组定义

二维数组定义的一般形式如下。

数据类型 数组名 [常量表达式 1][常量表达式 2]

其中,常量表达式 1 表示第一维下标的长度,常量表达式 2 表示第二维下标的长度。例如,int a[3][4]声明了一个 3 行 4 列的数组,数组名为 a,其下标变量的数据类型为整型。该数组的下标变量共有 3×4 个,即

a[0]　　　a[0][0], a[0][1], a[0][2], a[0][3]
a[1]　　　a[1][0], a[1][1], a[1][2], a[1][3]
a[2]　　　a[2][0], a[2][1], a[2][2], a[2][3]

二维数组又称为数组的数组,数组 a 可以看成长度为 3 的一维数组,三个数组元素分别为 a[0],a[1],a[2]。其中 a[0],a[1],a[2]又分别是长度为 4 的一维数组。

2. 二维数组的初始化

按行分段赋值方式可写为

int a[5][3] = { {80,75,92},{61,65,71},{59,63,70},{85,87,90},{76,77,85}};

按行连续赋值方式可写为

int a[5][3] = { 80,75,92,61,65,71,59,63,70,85,87,90,76,77,85};

若对全部元素赋初值,则第一维的长度可以不给出。例如,int a[3][3]={1,2,3,4,5,6,7,8,9}可以写为 int a[ ][3]={1,2,3,4,5,6,7,8,9}。

可以只对部分元素赋初值,未赋初值的元素自动取 0 值。例如,int a[3][3]={{1},{2},{3}}是对每一行的第一列元素赋值,未赋值的元素取 0 值。元素如下所示。

1 0 0
2 0 0
3 0 0

3. 二维数组元素的引用

二维数组元素的引用形式如下。

数组名[下标][下标]

例如,a[3][4]表示数组 a 第 4 行第 5 列的元素。

有了以上相关知识,我们来继续完成任务。设计函数 maxScore(),求出最高分。

maxScore()函数的设计和调用方案如下。

(1) 确定函数名:maxScore。

(2) 确定函数参数类型和传值方式:1 个 int 类型的二维数组 a,用于存放每一项目组的学生成绩,因此是地址传递。

(3) 确定函数返回值类型:int(返回最高分)。

(4) 确定算法:假设最大的数 max 为 a[0][0],循环扫描每一行 i 每一列 j,将该行该列的元素与 max 比较,如果 a[i][j] > max 则 max = a[i][j]。

(5) 确定函数调用:在主函数中调用,返回值就是最高分,打印输出该返回值。

【实施代码】

```c
#include <stdio.h>
#define M  5
#define N  6
int maxScore (int a[M][N])
{
    int   i,j,max;
    max = a[0][0];
    for(i = 0;i < M;i++)
    {
        for(j = 0;j < N;j++)
        {
            if(a[i][j]> max)
                max = a[i][j];
        }
    }
    return max;
}

int main()
{
    int   i,j,b[M][N];
    for(i = 0;i < M;i++)
        for(j = 0;j < N;j++)
            scanf("%d", &b[i][j]);
    printf("最高分为%d\n",maxScore(b));
    getchar();
    getchar();
    return 0;
}
```

本任务的函数设计中,假设最大数 max 为 a[0][0],用两重循环扫描每一行 i 每一列

j,将该行该列的元素与 max 比较,如果 a[i][j]＞max 则 max＝a[i][j]。而在函数调用时,函数的返回类型是整数,可直接打印输出,输出的结果就是最高分。

4.2.4 杨辉三角形

【任务描述】 杨辉三角形又称 Pascal 三角形,它的一个重要性质是,三角形中的每个数字等于它两肩上的数字之和。图 4-12 所示为杨辉三角形的前 8 行。

【任务分析】 要输出杨辉三角形,需要用到二维数组。设计函数 pascalTriangle()输出任意行数的杨辉三角形。

pascalTriangle()函数的设计和调用方案如下。

(1) 确定函数名:pascalTriangle。

(2) 确定函数参数类型和传值方式:1 个 int 类型的变量 row,用于存放要输出的杨辉三角形行数,因此是值传递。

```
            1
           1 1
          1 2 1
         1 3 3 1
        1 4 6 4 1
       1 5 10 10 5 1
      1 6 15 20 15 6 1
     1 7 21 35 35 21 7 1
```

图 4-12 杨辉三角形

(3) 确定函数返回值类型:void。

(4) 确定函数中算法:首先初始化数组,将数组元素的值初始化为 0;然后,将数组的第 1 列值都赋值为 1;接着,将第 i 行 j 列元素的值赋值为第 i-1 行 j 列和第 i-1 行 j-1 列元素的和;最后,输出杨辉三角形。

(5) 确定函数调用:在主函数中调用,输入三角形的行数,调用函数输出杨辉三角形。

【实施代码】

```c
#include<stdio.h>
void pascalTriangle(int row)
{
    int a[100][100],i,j;
    for(i=0;i<row;i++)    //初始化数组
    {
        for(j=0;j<row;j++)
            a[i][j]=0;
    }
    for(i=0;i<row;i++)    //使数组的第一列都为 1
        a[i][0]=1;
    for(i=1;i<row;i++)    //第 i 行 j 列元素等于第 i-1 行 j 列和第 i-1 行 j-1 列元素的和
        for(j=1;j<=i;j++)
            a[i][j]=a[i-1][j]+a[i-1][j-1];
    for(i=0;i<row;i++)    //输出杨辉三角形
    {
        for(j=0;j<=i;j++)
            printf("%d ",a[i][j]);
        printf("\n");
    }
}

int main()
{
    int num;
    printf("请输入杨辉三角形的行数:");
    scanf("%d",&num);
```

```
        pascalTriangle(num);
        getchar();
        getchar();
        return 0;
}
```

任务 4.3　学生成绩排序

任务描述与分析

在完成学生成绩简单的统计查询后,周老师要求每个项目组实现成绩排序功能,把班级学生 C 语言成绩从高分到低分依次排列。

任务实现的效果如图 4-13 和图 4-14 所示。系统运行时首先进入主界面,然后选择 1

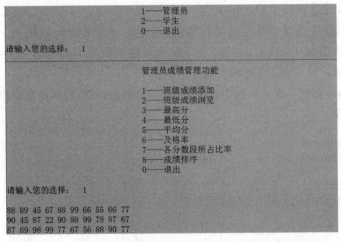

图 4-13　班级成绩添加

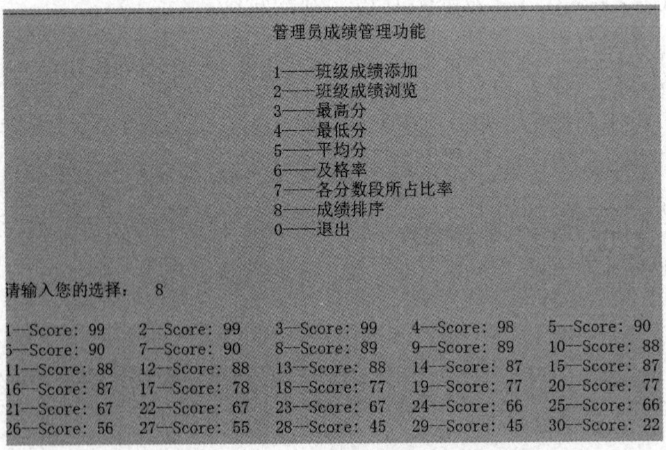

图 4-14　班级成绩排序效果

以管理员身份进入管理员子菜单。选择 1,添加班级学生成绩,输入 30 名同学的 C 语言成绩。接着选择 8,实现成绩排序功能,从高分到低分依次输出学号和 C 语言成绩。

要完成这个任务,周老师要给项目组的同学们分析一下需要掌握哪些知识。学生的成绩都是存放在一维整型数组中的,要将成绩从高分到低分进行排列,就必须掌握对一维数组的排序相关知识。对一维数组进行排序主要有冒泡排序和选择排序两种算法。

 相关知识与技能

4.3.1 冒泡排序

1. 算法思想

冒泡排序是最简单也是常用的排序算法,它遍历要排序的数组,将相邻的两个元素进行比较,如果顺序错误就把它们交换过来,直到没有元素需要再交换,这样数组就完成了排序。这个算法的名称由来是因为越小(或越大)的元素会经交换慢慢"冒泡"到数组的末尾。

2. 排序过程

以对数组 a[5]={76,71,82,63,94} 从大到小进行排序为例进行说明,如表 4-1 所示。

表 4-1 冒泡排序过程

排序轮次	a[0]	a[1]	a[2]	a[3]	a[4]
排序前	76	71	82	63	94
第 1 轮	76	82	71	94	63
第 2 轮	82	76	94	71	63
第 3 轮	82	94	76	71	63
第 4 轮	94	82	76	71	63

第 1 轮:将 a[0] 与 a[1]、a[1] 与 a[2]、a[2] 与 a[3]、a[3] 与 a[4] 分别进行比较,如果前面的比后面的小就进行交换,这样最小的数就放在了 a[4] 的位置。

第 2 轮:将 a[0] 与 a[1]、a[1] 与 a[2]、a[2] 与 a[3] 分别进行比较,如果前面的比后面的小就进行交换,这样第二小的数就放在了 a[3] 的位置。

第 3 轮:将 a[0] 与 a[1]、a[1] 与 a[2] 分别进行比较,如果前面的比后面的小就进行交换,这样第三小的数就放在了 a[2] 的位置。

第 4 轮:将 a[0] 与 a[1] 进行比较,如果前面的比后面的小就进行交换,这样最大的数就放在了 a[1] 的位置,完成排序。

3. 算法设计

冒泡排序需要嵌套循环,外层控制轮次,内层控制比较的范围。数组中有 N 个数,那么共需进行 N−1 轮排序。以 i 来表示进行的轮次，i 从 1 开始，到 N−1 结束。那么第 i 轮排序的过程是：将 a[0] 与 a[1]、a[1] 与 a[2]……a[N−i−1] 与 a[N−i] 分别进行比较，如果顺序错误，则进行交换。也就是说，内层循环 j 从 0 到 N−i−1 结束。冒泡排序的流程图如图 4-15 所示。

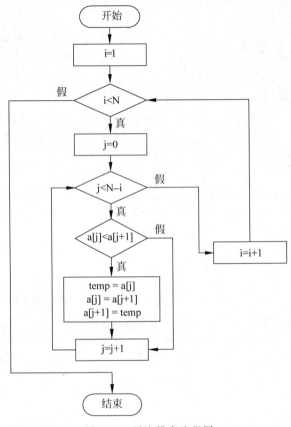

图 4-15　冒泡排序流程图

4.3.2　选择排序

1. 算法思想

每一趟从待排序的数据元素中选出最小(或最大)的一个元素，放在已排好序的数列的最后，直到全部待排序的数据元素排完。选择排序是不稳定的排序方法。

2. 排序过程

以对数组 a[5]={76,71,82,63,94} 从大到小进行排序为例进行说明，如表 4-2 所示。

第 1 轮：将 a[0] 与 a[1]～a[4] 的每个数进行比较，如果 a[0] 较小，则进行交换，这样最大的数就放到了 a[0] 位置。

表 4-2 选择排序过程

排序轮次	a[0]	a[1]	a[2]	a[3]	a[4]
排序前	76	71	82	63	94
第 1 轮	94	71	76	63	82
第 2 轮	94	82	71	63	76
第 3 轮	94	82	76	63	71
第 4 轮	94	82	76	71	63

第 2 轮：将 a[1] 与 a[2]～a[4] 的每个数进行比较，如果 a[1] 较小，则进行交换，这样第二大的数就放到了 a[1] 位置。

第 3 轮：将 a[2] 与 a[3]～a[4] 的每个数进行比较，如 a[2] 较小，则进行交换，这样第三大的数就放到了 a[2] 位置。

第 4 轮：将 a[3] 与 a[4] 进行比较，如果 a[3] 较小，则进行交换，这样第四大（即本例中最小）的数就放到了 a[3] 位置，完成排序。

3. 算法设计

选择排序需要嵌套循环，外层控制轮次，内层控制选择的范围。数组中有 N 个数，那么共需进行 N−1 轮排序。以 i 来表示进行的轮次，i 从 0 开始，到 N−2 结束。那么第 i 轮排序的过程是：将 a[i] 与 a[i+1]、a[i+2]～a[N−1] 的数分别进行比较，如果顺序错误，则进行交换。也就是说，内层循环 j 从 i+1 到 N−1。选择排序流程图如图 4-16 所示。

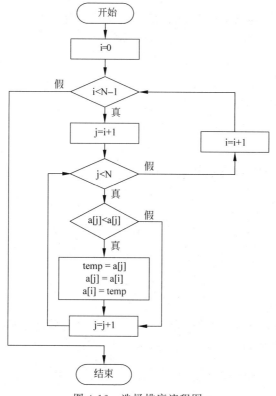

图 4-16 选择排序流程图

4.3.3 冒泡排序与选择排序的比较

微课：冒泡排序与选择排序

4.3.4 编写成绩排序函数

通过以上知识的学习，项目组就可以实施学生成绩排序的任务了：①设计冒泡排序函数 SortA()，并在 main() 函数的管理员子菜单实现代码的成绩排序的分支中调用 sortA() 函数，完成任务。②设计选择排序函数 sortB()，并在 main() 函数的管理员子菜单实现代码的成绩排序分支中调用 SortB() 函数，完成任务。

1. 学生成绩冒泡排序：sortA() 函数的设计与调用

1) 功能描述

此函数要实现整个班级 C 语言课程成绩的排序功能，因此，此函数需要的形参是数组，排序的结果还是在数组中，返回值类型为 void。

2) 函数设计

(1) 函数名：sortA。

(2) 形参：1 个整型数组，长度为 N。

(3) 返回值类型：void。

(4) 函数原型：

```
返回值类型 函数名(整型形参数组名[N])
{
    for(i = 1;i < N;i++)
        for(j = 0;j < N - I;j++)
        {
            ...
        }
}
```

3) 函数实现

交换过程中需要一个临时变量，定义为 temp，另外需要两个循环变量 i、j。外层循环变量 i 控制轮次，内层循环变量 j 控制比较的范围。

```
void  sortA(int   cScore[N])
{
```

```
    int i,j,temp;
    for(i = 1;i < N;i++)
    {
        for(j = 0;j < N - i;j++)
        {
            if(cScore [j]< cScore [j + 1])
            {
               temp = cScore[j];
               cScore[j] = cScore[j + 1];
               cScore[j + 1] = temp;
            }
        }
    }
}
```

4）函数调用

```
int main()
{
    int score[N];
    …
        case 7:
        //调用冒泡排序函数
        sortA(score);
        ListScore (score);
        break;
        …
}
```

2. 学生成绩选择排序：sortB()函数的设计与调用

1）功能描述

此函数要实现整个班级 C 语言课程成绩的排序功能。因此，此函数需要的形参是数组，排序的结果还是在数组中，返回值类型为 void。

2）函数设计

（1）函数名：sortB。

（2）形参：1 个整型数组，长度为 N。

（3）返回值类型：void。

（4）函数原型：

```
返回值类型   函数名(整型形参数组名[N])
{
    for(i = 1;i < N;i++)
        for(j = 0;j < N - I;j++)
        {
            …
        }
}
```

3）函数实现

交换过程中需要一个临时变量,定义为 temp,另外需要两个循环变量 i、j。外层循环变量 i 控制轮次,内层循环变量 j 控制选择的范围。

```
void sortB(int cScore[N] )
{
    int i , j, temp;
    for(i = 0;i < N - 1;i++)
    {
        for(j = i + 1;j < N;j++)
        {
            if(cScore [i]< cScore [j])
            {
                temp = cScore[j];
                cScore[j] = cScore[i];
                cScore[i] = temp;
            }
        }
    }
}
```

4）函数调用

```
int main()
{
    int score[N];
    …
    case 7:
        //调用选择排序函数
        sortB(score);
        listScore (score);
        break;
    …
}
```

4.3.5 插入排序

【任务描述】 设计函数 sortC(),使用插入排序算法对学生成绩从高分到低分进行排序。

【任务分析】

(1) 插入排序:插入排序的基本操作就是将一个数据插入已经排好序的有序数组中,从而得到一个新的、元素个数增 1 的有序数组。

(2) 算法设计:需要嵌套循环,外层控制轮次,以 i 来表示轮次,i 从 1 开始到 N-1 结束。内层循环先将 a[i]与 a[i-1]比较,如果 a[i]较小,则 a[i]位置不变,否则先将 a[i]保存到 r 中,然后循环变量 j 从 i-1 开始向前扫描数组元素,将比 r 小的元素向后移动一个位置。循环结束后,j+1 就是 r 需要插入的位置。程序流程图如图 4-17 所示。

(3) 函数设计:函数名为 sortC( ),函数参数为一维整型数组,返回值类型为 void。

(4) 函数调用:在主函数中调用 sortC( )函数,使用插入排序完成从高分到低分排序的任务。

【实施代码】

```
void sortC(int cSocre[N])
{
    int i , j , r;
    for(i = 1; i < N ; i++)
    {
        if(cSocre[i] > cSocre[i-1])
        {
            r = cSocre[i];
            for(j = i - 1; cSocre[j]< r &&
                j >= 0 ; j-- )
            {
                cSocre[j+1] = cSocre[j];
            }
            cSocre[j+1] = r;
        }
    }
}
int main()
{
    int score[N];
    …
    case 7:
        //调用插入排序函数
        sortC(score);
        listScore (score);
        break;
    …
}
```

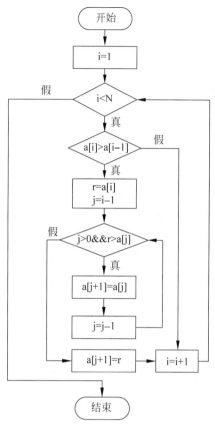

图 4-17　插入排序程序流程图

任务 4.4　学生成绩查询

任务描述与分析

每个项目组完成了实现管理员子菜单中的班级成绩添加、浏览、成绩排序等功能。接下来,要实现学生子菜单中查询指定成绩的功能。因此,周老师要求每个项目组实现学生子菜单中的查询指定成绩的功能,即输入某个学生的成绩,可以查询到该成绩对应的学生的学号。

任务实现效果如图 4-18 所示。系统运行时,首先进入主菜单,然后选择 2,以学生身份进入学生子菜单。再选择 1,打开查询指定成绩功能。输入某个同学的 C 语言成绩,输出该 C 语言成绩对应的学生的学号。

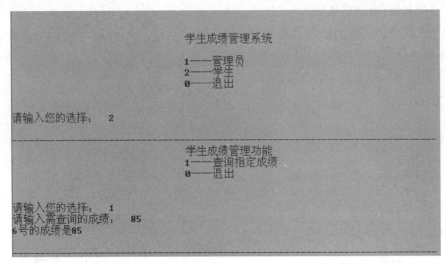

图 4-18 查询指定成绩实现效果

要完成这个任务,周老师要给项目组的同学们分析一下需要掌握哪些知识与技能。

首先,30 名同学的成绩已存放在一个长度为 30 的一维整型数组中。要实现查找某成绩对应的学生学号,有两种方法可以实现。

(1) 利用循环将存放 30 个同学 C 成绩的数组遍历一次,每访问到一个成绩,将该成绩与要查找的成绩比较,如果相等,则表示找到该成绩,退出循环;否则就是没找到该成绩。这就是顺序查找法。

(2) 先将存放 30 名同学 C 成绩的一维数组由高分到低分排好序,有一种情况可以直接判断找不到,即所需找的成绩大于最高分或小于最低分。如果不是这种情况,首先可以定义 3 个指针:头指针、中指针和尾指针。将需要查找的成绩与数组的中间位置的成绩比较,如果被查成绩大,则将头指针移到当前中指针位置。向后折半,继续将查找成绩与当前头指针与尾指针的中间位置的成绩比较,如此循环查找下去。如果被查成绩较小,则将尾指针移到当前中指针位置。向前折半,继续将查找成绩与当前头指针与尾指针的中间位置的成绩进行比较。如此循环查找下去,如果被查数与中指针所指成绩相等,则找到;如果找不到,则头指针会到尾指针的后面,所以循环的条件是头小于或等于尾。

然后,与前面的任务一样,采用应用广泛的模块化程序设计思路。周老师要求采用用户自定义函数的方法来实现这个功能。本任务需要用两种方法来实现。

相关知识与技能

4.4.1 顺序查找算法

1. 算法思想

利用循环将数组中的数据遍历一次,每访问到一个数,将该数与要查找的数比较,如果相等,则退出循环。判断此时的下标是否小于 N,若小于,说明找到该数,输出该数对应的下标及该数;若大于或等于,说明未找到该数。

2. 算法设计

顺序查找需要循环来遍历数组中的每一个数。数组中有 N 个数,以 i 来表示参与比较元素的下标,i 从 0 开始,到 N-1 结束。那么顺序查找的过程是:将 queryScore 与 a[0]、a[1]、…、a[N-1]分别进行比较,如果相等,则已经找到;如果循环结束还是没有相等的,那么就是没找到。顺序查找的程序流程图如图 4-19 所示。

4.4.2 折半查找算法

图 4-19 顺序查找流程图

1. 算法思想

采用折半查找法时,首先必须保证数组已是排好序的,其次将需要查找的数与中指针所指元素比较,如果被查数大,则将头指针移到当前中指针位置。向后折半,继续循环。如果被查数较小,则将尾指针移到当前中指针位置。向前折半,继续循环。如果被查数与中指针所指元素相等,则找到,输出并跳出循环;如果找不到,则头指针会移动到尾指针的后面,所以循环的条件是头小于或等于尾。

2. 算法设计

首先将头指针 top 指向数组的第 1 个元素,即 top=0。将尾指针指向数组的最后一个元素,即 bott=N-1。将中指针 mid 指向数组的中间元素,即 mid=(top+bott)/2。将是否找到标记 flag 置为 -1,默认表示没找到。其次将 mid 所指的数组元素与 queryScore 比较,如果相等,则已找到,将 flag 的值设为 mid+1 并返回;如果大于 mid 所指的数组元素,由于数组是排好序的(假设已降序排好),那么要查找的数的位置肯定在 top 到 mid-1 之间,所以将 bott 置为 mid-1。然后针对新的 top 和 bott 范围继续用折

半查找法查找,直至 top 大于 bott 循环结束。如果小于 mid 指向的数组元素,那么要查找的数的位置肯定在 mid+1 到 bott 之间,所以将 topt 置为 mid+1。然后针对新的 top 和 bott 范围继续用折半查找法查找,直至 top 大于 bott 循环结束。

折半查找的程序流程图如图 4-20 所示。

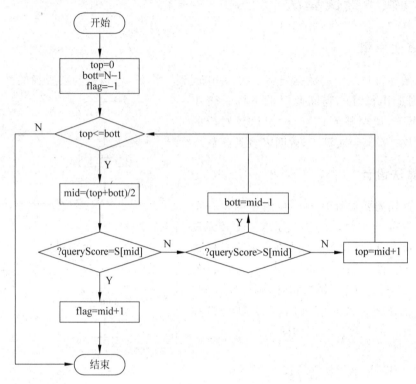

图 4-20　折半查找的程序流程图

4.4.3　编写成绩查询函数

通过以上知识与技能的学习,项目组就可以实施学生成绩查找的任务了。利用函数实现成绩的查找。设计函数 searchByScore() 查找学生成绩,并在 main() 函数的学生子菜单实现代码的查询指定成绩的分支中,调用 searchByScore() 函数,完成任务。

1. 顺序查找函数 searchByScore() 的设计和调用

1) 功能描述

此函数要实现在整个班级 C 语言课程成绩中查找某个成绩。因此,此函数需要的形参是数组与一个变量。由于主函数中要判断是否找到该数,所以在 searchByScore() 函数中设置若找到该数则返回该数对应的下标加 1,即该成绩对应的学生学号,否则返回−1。因此,该函数的返回值类型是 int。

2) 函数设计

(1) 函数名:searchByScore。

(2) 形参:1 个整型数组,长度为 N;一个整型变量。

(3) 返回值类型:int。

(4) 函数原型:

```
返回值类型 函数名(整型形参数组名[N],整型变量名)
{
    for(i = 0;i < N;i++)
    {
        if(元素 == 变量)
            return i + 1;
    }
    return - 1;
}
```

3) 函数实现

```
int searchByScore(int s[], int queryScore)
{
    int i;
    for(i = 0;i < N;i++)
    {
        if(s[i] == queryScore)
            return i + 1;
    }
    return - 1;
}
```

4) 函数调用

在主函数的学生子菜单实现代码的成绩查找分支内,以"函数名(实参数组名)"形式调用 searchByScore()函数。

```
int main()
{
    int score[N];
    …
        case 1:
            f = searchByScore(score,queryScore);
            if(f == - 1)
                printf("\n无此成绩,请重新查询!\n");
            else
                printf("%d 号的成绩是 %d\n",f,queryScore);
            break;
    …
}
```

若返回值大于 0,表示找到该成绩,否则表示没找到。

2. 折半查找函数 searchByScore() 的设计和调用

1) 功能描述

此函数要实现在整个班级 C 语言课程成绩中查找某个成绩。因此，此函数需要的形参是数组与一个变量。由于主函数中要判断是否找到该数，所以在 searchByScore() 函数中设置若找到该数则返回该数对应的下标加 1，即该查找成绩对应的学生学号，否则返回 -1。因此该函数的返回值类型是 int。

2) 函数设计

(1) 函数名：searchByScore。

(2) 形参：1 个整型数组，长度为 N。一个整型变量。

(3) 返回值类型：int。

(4) 函数原型：

```
返回值类型 函数名(整型形参数组名[N],整型变量名)
{
    头指针 = 0;
    尾指针 = N-1;
    if(变量大于尾指针所指元素且小于头指针所指元素)
    {
        while(头指针所指元素小于或等于尾指针所指元素)
        {
            if(变量 == 中指针所指元素])
            {
                结束标记 = 中指针 + 1;
                break;
            }
            else if(变量>中指针所指元素)
                尾指针 = 中指针 - 1;
            else
                头指针 = 中指针 + 1;
        }
    }
}
```

3) 函数实现

在函数体中声明 1 个循环变量 i、头指针 top、尾指针 bott、中指针 mid，是否找到标记 flag。

```
int searchByScore (int s[],int queryScore)
{
    int top,bott,mid,flag = -1;
    top = 0;
    bott = N-1;
    if(queryScore <= s[N-1]&&queryScore >= s[0])
    {
        while(top <= bott)
        {
            mid = (top + bott)/2;
```

```
            if(queryScore == s[mid])
            {
                flag = mid + 1;
                break;
            }
            else if(queryScore < s[mid])
                bott = mid – 1;
            else
                top = mid + 1;
        }
    }
    return flag;
}
```

4）函数调用

在主函数中声明 1 个长度为 N 的实参数组作为实参。在管理员子菜单实现代码的成绩浏览分支内,以"函数名(实参数组名)"形式调用 searchByScore()函数。

```
int main()
{
    int score[N];
    …
        case 1:
            f = searchByScore(score,queryScore);
            if(f == – 1)
                printf("\n无此成绩,请重新查询!\n");
            else
                printf(" % d 号的成绩是 % d\n",f,queryScore);
            break;
    …
}
```

若返回值大于 0,表示找到该成绩,否则表示没找到。

任务拓展

4.4.4 查询最高分(二维数组)

【任务描述】 将 30 名同学分成 5 个项目组,每个项目组有 6 名同学。将 30 名同学的成绩已存放在一个 5 行 6 列的二维整型数组中,试查找全班 C 成绩的最高分是哪个项目组的几号同学的成绩。

【任务分析】

(1) 确定变量的类型:5 个 int 型变量。

(2) 确定算法:先声明行循环变量 i 和列循环变量 j,行下标 row 和列下标 col 以及最大值变量 max。将 max 初始化为 s[0][0]。然后利用 for 循环,外层循环从 0 行遍历到 M−1 行,内层循环从 0 列遍历到 N−1 列,将当前访问的元素与当前的最大值比较,若大于当前最大值,将当前的行下标保存的 row 中,将当前的列下标保存的 col 中。

【实施代码】

```c
#define M 5
#define N 6
int main()
{
    int s[M][N],i,j,row,col,max;
    for(i=0;i<M;i++)
        for(j=0;j<N;j++)
            scanf("%d",&s[i][j]);
    max=s[0][0];
    row=0;
    col=0;
    for(i=0;i<M;i++)
    {
        for(j=0;j<N;j++)
        {
            if(s[i][j]>max)
            {
                max=a[i][j];
                row=i;col=j;
            }
        }
    }
    printf("C成绩的最高分是第%d组的%d号同学\n",row+1,col+1);
    getchar();
    getchar();
    return 0;
}
```

本 章 小 结

  本章主要完成了学生成绩管理系统中成绩管理部分的各项功能，包括管理员角色的成绩添加和浏览、成绩统计、成绩排序等；学生角色的成绩查询。而在实施这些任务时，这些功能代码被封装成一个一个的函数，放在程序中，然后通过在主函数 main()中依次调用这些函数来实现各项功能。这就是模块化的编程思路，也是今后软件开发中常用的编程方法。

  (1) 一维数组是相同类型数据的有序集合。通过数组的下标来访问数组的元素。值得注意的是数组的下标是从 0 开始的。数组经常用来存储多个同类型的数据。这里，可以用数组来存储班级所有同学的成绩。

  (2) for 语句是循环语句的一种。与 while 和 do-while 循环不同，for 循环经常被用于循环次数固定或已知的情况。在本章各个任务的实施中，用 for 语句循环遍历数组元素，对成绩进行读取、统计、排序等操作。

(3) 函数分为系统提供的库函数和自定义函数。例如,printf()和 scanf()函数就是系统提供的库函数,存放对应的头文件 stdio.h 中。用到的时候必须在程序的开头加上 #include<stdio.h>。自定义的函数是用户自己根据需要设计的。函数设计好以后,必须经过调用才能运行。函数是 C 语言程序设计中程序的基本单位,即程序是由函数组成的。程序有且仅有一个 main()函数,也就是主函数,还可以包含多个函数。在本章各个任务的实施中,就是将特定的功能封装设计成一个一个函数,然后在 main()函数中进行调用。

(4) 二维数组有两个维度,即二维数组元素的下标有两个:一个是行下标,另一个是列下标。需要通过两重循环来遍历二维数组的元素。

(5) 引入沉浸式学习理论,设计教学任务和拓展任务,引导学生沉浸式学习,解决习得性无助问题,提高学生学习兴趣。

(6) 在解决任务的过程中,循序渐进地推进,进一步培养积极的学习态度,提高专业学习效率。

(7) 拓展任务的设计和课后的能力评估环节,可以积极引导学生进行技能拓展和自主学习,提高专业水平。

(8) 通过函数的学习,积极培养学生模块化的编程思维,强调模块化程序设计的规范化、标准化,提高专业素养。

能 力 评 估

1. 用 * 输出任意大小的钻石图形,可以简单一点,输出 2 行的钻石,图形如下。

```
 *
***
 *
```

提示:只能按行打。即第 1 行先输出 2-1 个空格,再输出 1 个"*",然后换行。第 2 行打 2-2 个空格,再输出 3 个"*",然后换行。图形下半部分与上半部分对称。如果复杂一点,输出 3 行的钻石图形,则图形如下。

```
  *
 ***
*****
 ***
  *
```

提示:第 1 行先输出 3-1 个空格,再输出 1 个"*",然后换行。第 2 行先输出 3-2 个空格,再输出 3 个"*",然后换行。第 3 行先输出 3-3 个空格,再输出 5 个"*",然后换行。图形下半部分与上半部分对称。再复杂一点,以此类推。

2. 编写程序,由键盘任意输入一串字符,再输入一个字符和一个位置,将此字符插入在这个字符串的这个位置上。例如:字符串为"abcdef",输入字符 k,则位置是 3,新串为"abkcdef"。

第 5 章 项目重构 1——结构体和指针

第 4 章完成了"学生成绩管理系统"的学生成绩管理模块,主要采用数组存储学生成绩信息,可以添加学生成绩、浏览学生成绩,还可以对学生成绩进行统计查询和排序。本章主要使用结构体和指针存储学生信息,并对项目的数据结构和用户自定义函数进行重构,使代码更加简练、项目结构更加完善。结构体和指针是本章的重点和难点,大家可以通过在线学习资料加强学习力度,提高学习效果。

工作任务

- 任务 5.1 项目结构体重构
- 任务 5.2 项目指针重构

学习目标

知识目标
(1)掌握字符数组的定义和使用。
(2)掌握结构体的概念和使用。
(3)掌握指针的概念和使用。
(4)掌握链表的概念、构建和相关操作。

能力目标
(1)能够熟练使用结构体进行编程。
(2)能够熟练使用指针和链表进行程序设计。
(3)能够熟练使用结构体和指针进行项目开发。

素质目标
(1)在重构代码的过程中,培养学生精益求精的工匠精神。
(2)设计寻宝游戏等趣味性的拓展任务,引导学生沉浸式学习,进一步提高学习兴趣。
(3)针对重点和难点,引导学生线上线下混合式学习,注重分层分类教学,促进规模化的个性化教育。

任务 5.1 项目结构体重构

 任务描述与分析

在前面的任务中,学生成绩是保存在一维整型数组中的。事实上,对于成绩管理系统来讲,除了成绩之外,学生的信息还包括学号和姓名等基本数据。姓名为字符串,学号也是字符串,成绩可为整型或实型。显然不能用一个数组来存放这一组数据。因为数组中各元素的类型和长度都必须一致,以便于编译系统处理。为了解决这个问题,周老师给各项目小组介绍了一个新的数据类型——结构体,并要求各项目小组使用结构体来重构"学生成绩管理系统"。

  任务实现效果如图 5-1 和图 5-2 所示。系统运行时首先进入主菜单,然后选择 1 以管理员身份进入管理员子菜单。选择 1,实现班级成绩添加功能,此时会询问是否要添加学生成绩。输入 Y,接着输入学生学号、姓名、成绩等信息。如要继续添加学生成绩则输入 Y,否则输入 N,退回到管理员子菜单。选择 2,输出班级成绩信息,选择其他子菜单项还可以进行成绩统计、排序、查找等操作。

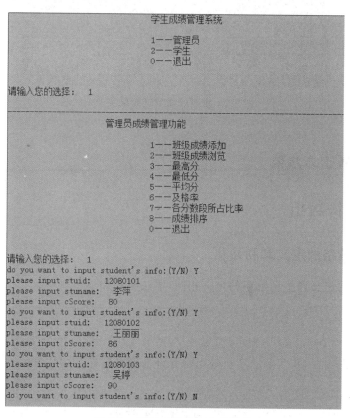

图 5-1　班级成绩添加实现效果

  为了完成这个任务,周老师要给项目组的同学们分析一下需要掌握哪些知识。首先要确定数据结构来保存班级 30 名同学的成绩信息。因为一个学生的成绩信息包含了学号、姓名、成绩三种不同数据类型的数据,因此可以使用 C 语言的结构体来保存一个学生成绩信息。那么 30 名同学的成绩,必须使用结构体数组。另外学生的学号、姓名是字符串,而在 C 语言中是没有字符串类型的,但可以通过字符数组的来存储字符串。通过以上的分析,要完成这个重构任务,需要掌握字符数组、结构体等相关知识。

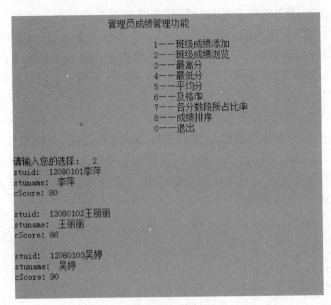

图 5-2　班级成绩浏览效果实现

相关知识与技能

5.1.1　字符数组

1. 字符数组的定义和初始化

字符数组的定义和整型数组的定义相同,语法格式如下。

char 字符数组名[数组长度];

例如,char c[10]定义了一个字符数组 c,共有 10 个字符,每个字符 1 个字节。也就是说数组 c 共占内存 10 字节。字符数组也允许在定义时作初始化赋值。

例如:

char c[10] = {'c', ' ', 'p', 'r', 'o', 'g', 'r', 'a', 'm'};

赋值后各元素的值如下。

c[0]的值为'c';c[1]的值为' ';c[2]的值为'p';c[3]的值为'r';c[4]的值为'o';c[5]的值为'g';c[6]的值为'r';c[7]的值为'a';c[8]的值为'm'。

其中,c[9]未赋值,由系统自动赋予 0 值。当对全体元素赋初值时也可以省去长度说明。例如:

char c[ ] = {'c','','p','r','o','g','r','a','m'};

这时 C 数组的长度自动定为 9。

2. 字符串和字符串结束标志

在 C 语言中没有专门的字符串变量,通常用一个字符数组来存放一个字符串。前面介绍字符串常量时,已说明字符串总是以\0 作为串的结束符。因此当把一个字符串存入一个数组时,也把结束符\0 存入数组,并以此作为该字符串是否结束的标志。有了\0 标志后,就不必再用字符数组的长度来判断字符串的长度了。

C 语言允许用字符串的方式对数组作初始化赋值。例如:

  char c[ ] = {'C', ' ','p','r','o','g','r','a','m','\0'};

可写为

  char c[ ] = {"C program"};

或去掉{}写为

  char c[ ] = "C program";

用字符串方式赋值自动会加一个字符串结束标志\0。上面的数组 c 在内存中的实际存放情况如下。

C		p	r	o	g	r	a	m	\0

\0 是由 C 编译系统自动加上的。由于采用了\0 标志,所以在用字符串赋初值时一般无须指定数组的长度,而由系统自行处理。

3. 字符数组的输入/输出

在采用字符串方式后,字符数组的输入/输出将变得简单方便。除了上述用字符串赋初值的办法外,还可用 scanf()函数和 printf()函数一次性输入/输出一个字符数组中的字符串,而不必使用循环语句逐个地输入/输出每个字符。例如:

```
int main()
{
    char c[ ] = "BASIC\ndBASE";
    printf(" % s\n",c);
    getchar();
    getchar();
    return 0;
}
```

注意在上例的 printf()函数中,使用了格式字符串为"%s",表示输出的是一个字符串。而在输出列表中给出数组名则可。不能写为 printf("%s",c[ ])。再如:

```
int main()
{
    char st[15];
    printf("input string:\n");
    scanf(" % s",st);
```

```
    printf("%s\n",st);
    getchar();
    getchar();
    return 0;
}
```

上例中由于定义数组长度为 15,因此输入的字符串长度必须小于 15,以留出一个字节用于存放字符串结束标志\0。应该说明的是,对一个字符数组,如果不作初始化赋值,则必须说明数组长度。还应该特别注意的是,当用 scanf()函数输入字符串时,字符串中不能含有空格,否则将以空格作为串的结束符。

例如,当输入的字符串中含有空格时,如果输入字符串为"this is a book",则输出为 this。

4. 字符串处理函数

C 语言提供了丰富的字符串处理函数,大致可分为字符串的输入、输出、合并、修改、比较、转换、复制、搜索几类。使用这些函数可大大减轻编程的负担。用于输入/输出的字符串函数,在使用前应包含头文件 stdio.h,使用其他字符串函数则应包含头文件 string.h。下面介绍几个最常用的字符串函数。

1) 字符串输出函数 puts()

格式:puts(字符数组)。

功能:把字符数组中的字符串输出到显示器,即在屏幕上显示该字符串。例如:

```
#include"stdio.h"
int main()
{
    char c[] = "BASIC\ndBASE";
    puts(c);
    getchar();
    getchar();
    return 0;
}
```

从程序中可以看出,puts()函数中可以使用转义字符,因此输出结果成为两行。puts()函数完全可以用 printf()函数取代。当需要按一定格式输出时,通常使用 printf()函数。

2) 字符串输入函数 gets()

格式:gets(字符数组)。

功能:从标准输入设备如键盘上输入一个字符串。例如:

```
#include"stdio.h"
int main()
{
    char st[15];
    printf("input string:\n");
    gets(st);
    puts(st);
```

```
        getchar();
        getchar();
        return 0;
}
```

可以看出，当输入的字符串中含有空格时，输出仍为全部字符串。说明 gets() 函数并不以空格作为字符串输入结束的标志，而只以回车换行符作为输入结束。这是与 scanf() 函数不同的。

3）字符串连接函数 strcat()

格式：strcat（字符数组 1，字符数组 2）。

功能：把字符数组 2 中的字符串连接到字符数组 1 中字符串的后面，并删去字符串 1 的串结束标志\0。本函数返回值是字符数组 1 的首地址。例如：

```
#include"string.h"
int main()
{
        static char st1[30] = "My name is ";
        int st2[10];
        printf("input your name:\n");
        gets(st2);
        strcat(st1,st2);
        puts(st1);
        getchar();
        getchar();
        return 0;
}
```

以上程序把 st1 和 st2 连接起来。要注意的是，字符数组 st1 应定义足够的长度，否则不能全部装入被连接的字符串。如果从键盘输入字符串"li ping"，那么最终输出结果为 My name is li ping。

4）字符串复制函数 strcpy()

格式：strcpy（字符数组 1，字符数组 2）。

功能：把字符数组 2 中的字符串复制到字符数组 1 中。串结束标志\0 也一同复制。字符数组 2 也可以是一个字符串常量，这时相当于把一个字符串赋予一个字符数组。例如：

```
#include"string.h"
int main()
{
        char st1[15],st2[] = "C Language";
        strcpy(st1,st2);
        puts(st1);
        printf("\n");
        getchar();
        getchar();
        return 0;
}
```

本函数要求字符数组 st1 应有足够的长度,否则不能全部装入所复制的字符串。本例最终 st1 和 st2 字符串一样,都是"C Language"。

5) 字符串比较函数 strcmp()

格式:strcmp(字符数组 1,字符数组 2)

功能:按照 ASCII 值顺序比较两个数组中的字符串,并通过函数返回值返回比较结果。若字符串 1 等于字符串 2,返回值为 0;字符串 2 大于字符串 2,返回值大于 0;字符串 1 小于字符串 2,返回值小于 0。

本函数也可用于比较两个字符串常量,或比较数组和字符串常量。例如:

```
#include"string.h"
int main()
{
    int k;
    static char st1[15],st2[] = "C Language";
    printf("input a string:\n");
    gets(st1);
    k = strcmp(st1,st2);
    if(k == 0) printf("st1 = st2\n");
    if(k > 0) printf("st1 > st2\n");
    if(k < 0) printf("st1 < st2\n");
    getchar();
    getchar();
    return 0;
}
```

上例把输入的字符串和数组 st2 中的串进行比较,比较结果返回到 k 中,根据 k 值再输出结果提示串。当输入为 dBASE 时,由 ASCII 表可知"dBASE"大于"C Language",故 k>0,输出结果 st1>st2。

6) 字符串长度函数 strlen()

格式:strlen(字符数组名)。

功能:返回字符串的实际长度(不含字符串结束标志\0)并作为函数返回值。

```
#include"string.h"
int main()
{
    int k;
    static char st[] = "C language";
    k = strlen(st);
    printf("The lenth of the string is %d\n",k);
    getchar();
    getchar();
    return 0;
}
```

上例输出结果为 The lenth of the string is 10。注意其中空格也是有效字符,要计算在内。

5.1.2 结构体

结构体是一种构造类型,它是由若干成员组成的。每一个成员可以是一个基本数据类型或者又是一个构造类型。结构体既然是一种构造而成的数据类型,那么在声明和使用之前必须先定义它,也就是构造它。如同在声明和调用函数之前要先定义函数一样。

1. 结构体的定义

定义结构体的语法格式如下。

```
struct 结构名
{
    成员列表;
};
```

成员列表由若干个成员组成,每个成员都是该结构的一个组成部分。对每个成员也必须作类型说明,其语法格式如下。

数据类型 成员名;

成员名的命名应符合标识符的书写规定。例如:

```
struct stu
{   char name[20];
    char sex;
    int age;
};
```

在这个结构体定义中,结构体名为 stu,该结构体由 3 个成员组成。第一个成员为 name,是字符数组;第二个成员为 sex,是字符变量;第三个成员为 age,是整型变量。应注意括号后的分号是不可少的。结构体定义之后,即可进行变量声明。凡声明为结构体 stu 的变量都由上述 3 个成员组成。由此可见,结构体是一种复杂的数据类型,是数量固定、类型不同的若干有序变量的集合。

2. 结构体变量

结构体变量在使用之前必须声明,声明结构体变量的语法格式如下。

struct 结构体变量名;

例如:

struct　stu　boy1,boy2;　　　　//声明两个变量 boy1 和 boy2 为 stu 结构体

还可以在定义结构体的同时声明结构体变量,语法格式如下。

```
struct stu
{
```

```
    char name[20];
    char sex;
    int age;
} boy1,boy2;
```

以上声明的变量 boy1、boy2 都具有如下所示的结构。

| name | sex | age |

在程序中使用结构体变量时,往往不把它作为一个整体来使用。一般对结构体变量的使用包括赋值、输入、输出、运算等都是通过结构体变量的成员来实现的。

引用结构体变量成员需要使用"."运算符,表示结构体变量成员的语法格式如下。

结构体变量名.成员名

例如:

```
boy1.name       //第一个人的姓名
boy2.sex        //第二个人的性别
```

对结构体变量赋值就是给各成员赋值。可用输入语句或赋值语句来完成。例如:

```
strcpy(boy2.name,"zhang ping");
boy2.sex = 'M';
boy2.age = 20;
```

和其他类型的变量一样,对结构体变量可以在定义时进行初始化赋值。例如:

```
struct stu boy1,boy2 = {"zhang ping",'M',20}
```

3. 结构体数组

数组的元素也可以是结构体类型的。因此可以构成结构体数组。结构体数组的每个元素都是具有相同结构体类型的结构体变量。在实际应用中,经常用结构体数组来表示具有相同数据结构的一个群体。

定义结构体数组的方法和结构体变量相似,只须说明它为数组类型即可。例如:

```
struct stu boy[5];
```

定义了一个结构体数组 boy,共有 5 个元素,boy[0]~boy[4]。每个数组元素都具有 struct stu 的结构体形式。对结构体数组可以作初始化赋值。例如:

```
struct stu
{
    char name[20];
    char sex;
    int score;
}boy[5] = {
    {"Li ping",'M',45},
    {"Zhang ping",'M',62},
```

```
    {"He fang",'F',92},
    {"Cheng ling",'F',87},
    {"Wang ming",'M',58}
};
```

下面的示例求 boy[0]～boy[4] 五个元素的 sorce 之和。

```
int main()
{
    int i,s = 0;
    for(i = 0;i < 5;i++)
    {
        s += boy[i].score;
    }
    printf("s = %d\n",s);
    getchar();
    getchar();
    return 0;
}
```

5.1.3 用结构体重构项目

通过以上知识的学习，项目组就可以使用结构体来重构学生成绩管理系统了。①重新设计项目数据结构；②重构函数 addScore() 添加学生成绩，将学生成绩信息保存在结构体数组中；③重构函数 ListScore() 浏览学生成绩；④重构函数 maxScore()、minScore()、avgScore()、passRate() 等完成学生成绩统计；⑤重构冒泡排序函数 sortScore() 完成学生成绩排序；⑥重构函数 segScore() 完成学生成绩分段统计；⑦设计函数 searchStuById() 根据学号查询学生的成绩，并在 main() 函数中调用完成成绩查询任务；⑧设计函数 SearchStuByName() 根据姓名查询学生的成绩，并在 main() 函数中调用完成成绩查询任务。

1. 重新设计项目数据结构

学生成绩管理系统中的学生成绩信息包含学号、姓名、成绩三个数据。
（1）定义学生成绩结构体。结构体定义如下。

```
struct STU
{
    char stuId[8];
    char stuName[20];
    int cScore;
};
```

(2) 在 main()函数中声明结构体数组,用来保存班级所有学生的成绩信息。

```
struct STU stuInfo[N];
```

2. 重构函数 addScore()添加学生成绩

1) 功能描述

此函数循环执行,在录入学生成绩信息之前询问用户,如果用户输入 Y,则输入学号、姓名、成绩三个数据。如果用户输入 N,则退出循环,结束添加学生成绩。

2) 函数设计

(1) 函数名:addScore。

(2) 函数参数:一个 STU 类型的结构体数组。

(3) 返回值类型:void。

(4) 函数原型:

```
返回值类型 函数名(STU 形参数组名[])
{
    int flag = 1;
    while(flag)
    {
        ...
    }
}
```

3) 函数实现

```
void addScore(STU s[])
{
    char ss;
    int flag = 1;
    while(flag)
    {
        printf("do you want to input student's info:(Y/N)\n ");
        scanf(" % c",&ss);
        if(ss == 'y' || ss == 'Y')
        {
            printf("please input stuid: \n   ");
            scanf(" % s",s[length].stuId);
            printf("please input stuname: \n   ");
            scanf(" % s",s[length].stuName);
            printf("please input cScore:\n   ");
            scanf(" % d",&s[length].cScore);
            length++;
        }
        else
            flag = 0;
    }
}
```

4)函数调用

```
int main()
{
    struct STU stuInfo[N];
    ...
        case 1:
            AddScore(stuInfo);break;
    ...
}
```

3．重构函数 listScore()浏览学生成绩

1）函数设计

(1) 函数名：ListScore。
(2) 函数参数：一个 STU 类型的结构体数组。
(3) 返回值类型：void。
(4) 函数原型：

```
返回值类型 函数名(STU 形参数组名[])
{
    int i;
    for(i = 0; i < length;i++)
    {
        ...
    }
}
```

2）函数实现

```
void listScore(STU s[])
{
    int i;
    for(i = 0;i < length;i++)
    {
        printf("stuid:   % s\n",s[i].stuId);
        printf("stuname:   % s\n",s[i].stuName);
        printf("cScore: % d\n",s[i].cScore);
        printf("\n");
    }
}
```

3）函数调用

```
int main()
{
    struct STU stuInfo[N];
    ...
        case 2:
            ListScore(stuInfo);break;
    ...
}
```

4. 重构 maxScore()、minScore()、avgScore()、passRate()等函数完成学生成绩统计

1)函数设计

(1) 函数名：maxScore、minScore、avgScore、passRate。

(2) 函数参数：一个 STU 类型的结构体数组。

(3) 返回值类型：最高分、最低分为 int，平均分、及格率为 double。

(4) 函数原型：

```
返回值类型 函数名(STU 形参数组名[ ])
{
    int i;
    for(i = 0; i < length; i++)
    {
        ...
    }
}
```

2)函数实现

```
int maxScore(STU s[ ])
{
    int max = 0, i;
    for(i = 0; i < length; i++)
    {
        if(s[i].cScore > max)
            max = s[i].cScore;
    }
    return max;
}

int minScore(STU s[ ])
{
    int min = 100, i;
    for(i = 0; i < length; i++)
    {
        if(s[i].cScore < min)
            min = s[i].cScore;
    }
    return min;
}

double avgScore(STU s[ ])
{
    int sum = 0, i;
    double avg;
    for(i = 0; i < length; i++)
    {
```

```
            sum += s[i].cScore;
        }
        avg = sum * 1.0/length;
        return avg;
}

double passRate(STU s[])
{
    int i,num = 0;
    for(i = 0;i < length;i++)
        if(s[i].cScore > = 60)
            num++;
    return num * 1.0/length;
}
```

3）函数调用

```
int main()
{
    struct STU stuInfo[N];
    ...
        case 3:
            printf("\n max = % d\n",MaxScore(stuInfo));
            break;
        case 4:
            printf("\n min = % d\n",MinScore(stuInfo));
            break;
        case 5:
            printf("\n average = % f\n",AvgScore(stuInfo));
            break;
        case 6:
            printf("\n passRate = % f\n",PassRate(stuInfo));
            break;
    ...
}
```

5. 重构冒泡排序函数 sortScore()完成学生成绩排序

1）函数设计

（1）函数名：sortScore。

（2）函数参数：一个 STU 类型的结构体数组。

（3）返回值类型：void。

（4）函数原型：

```
返回值类型 函数名(STU 形参数组名[])
{
    int i, j;
    for(i = 1; i < length;i++)
    {
```

```
            for(j = 0;j < length - i;j++)
                ...
        }
}
```

2) 函数实现

```
void sortScore(STU s[])
{
    int i,j,temp;
    char t[20];
    for(i = 1;i < length;i++)
        for(j = 0;j < length - i;j++)
            if(s[j].cScore < s[j + 1].cScore)
            {
                temp = s[j].cScore;
                s[j].cScore = s[j + 1].cScore;
                s[j + 1].cScore = temp;
                strcpy(t,s[j].stuId);
                strcpy(s[j].stuId,s[j + 1].stuId);
                strcpy(s[j + 1].stuId,t);
                strcpy(t,s[j].stuName);
                strcpy(s[j].stuName,s[j + 1].stuName);
                strcpy(s[j + 1].stuName,t);
            }
    for(i = 0;i < length;i++)
        printf("%s -- %d\n",s[i].stuId,s[i].cScore);
}
```

3) 函数调用

```
int main()
{
    struct STU stuInfo[N];
    ...
        case 8:
            sortScore(stuInfo);
            listScore(stuInfo);
            break;
    ...
}
```

6. 重构函数 segScore() 完成学生成绩分段统计

1) 功能描述

该函数完成学生成绩分段统计,将每个分数段学生人数的结果保存在一个整型数组中。因此函数中要定义1个整型数组,长度为11。

2) 函数设计

(1) 函数名:segScore。

（2）函数参数：一个 STU 结构体数组。
（3）返回值类型：void。
（4）函数原型：

```
返回值类型 函数名(STU 形参数组名[ ])
{
    int i;
    for(i = 1; i < length; i++)
    {
        ...
    }
}
```

3）函数实现

```
void segScore(STU s[ ])
{
    int g[11] = {0},i;
    for(i = 0;i < length; i++)
        switch(s[i].cScore/10)
        {
            case 10:g[10]++;break;
            case 9:g[9]++;break;
            case 8:g[8]++;break;
            case 7:g[7]++;break;
            case 6:g[6]++;break;
            case 5:g[5]++;break;
            case 4:g[4]++;break;
            case 3:g[3]++;break;
            case 2:g[2]++;break;
            case 1:g[1]++;break;
            case 0:g[0]++;break;
        }
    for(i = 0;i < 11;i++)
        printf("seg rate % d -- % d: is % f % % \n",i * 10,i * 10 + 9,g[i] * 1.0/length * 100);
}
```

4）函数调用

```
int main()
{
    struct STU stuInfo[N];
    ...
        case 7:
            segScore(stuInfo);break;
    ...
}
```

7. 设计函数 searchStuById() 根据学号查询学生的成绩

1) 功能描述

该函数是新增的函数,根据学号查询学生的成绩,因此参数中需要传入要查询的学生学号,学号是一个字符串,使用字符数组类型。

2) 函数设计

(1) 函数名:searchStuById。

(2) 函数参数:一个 STU 结构体数组和一个字符数组。

(3) 返回值类型:void。

(4) 函数原型:

返回值类型 函数名(STU 形参数组名[],char 字符数组名[])
{
    int i;
    for(i=1; i<length;i++)
    {
        ...
    }
}

3) 函数实现

```c
void searchStuById(STU s[],char sId[])
{
    int i,index = -1;
    for(i=0;i<length;i++)
    {
        if(strcmp(s[i].stuId,sId) == 0)
            index = i;
    }
    if(index == -1)
    {
        printf("对不起,该生不存在!\n");
    }
    else
    {
        printf("stuId:    %s\n",s[index].stuId);
        printf("stuName:    %s\n",s[index].stuName);
        printf("cScore: %d\n",s[index].cScore);
    }
}
```

4) 函数调用

```c
int main()
{
    struct STU stuInfo[N];
    char sId[8];
    ...
```

```
        case 1:
            printf("请输入需查询的学号: ");
            scanf("%s",sId);
            searchStuById(stuInfo,sId);
            break;
        ...
}
```

8. 设计函数 searchStuByName()根据姓名查询学生的成绩

1) 功能描述

该函数是新增的函数,根据姓名查询学生的成绩,因此参数中需要传入要查询的学生姓名,姓名是一个字符串,使用字符数组类型。

2) 函数设计

(1) 函数名:searchStuByName。
(2) 函数参数:一个 STU 结构体数组和一个字符数组。
(3) 返回值类型:void。
(4) 函数原型:

```
返回值类型 函数名(STU 形参数组名[],char 字符数组名[])
{
    int i;
    for(i = 1; i < length;i++)
    {
        ...
    }
}
```

3) 函数实现

```
void searchStuByName(STU s[],char sName[])
{
    int i,index = -1;
    for(i = 0;i < length;i++)
    {
        if(strcmp(s[i].stuName,sName) == 0)
            index = i;
    }
    if(index == -1)
    {
        printf("对不起,该生不存在!\n");
    }
    else
    {
        printf("stuId:    %s\n",s[index].stuId);
        printf("stuName:  %s\n",s[index].stuName);
        printf("cScore:   %d\n",s[index].cScore);
    }
}
```

4）函数调用

```
int main()
{
    struct STU stuInfo[N];
    char sName[20];
    ...
        case 2:
            printf("请输入需查询的姓名：  ");
            scanf("%s",sName);
            searchStuByName(stuInfo,sName);
            break;
    ...
}
```

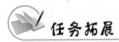

5.1.4　判断回文

【任务描述】　设计函数isHuiWen()判断一个字符串是否不是回文。回文的定义是：文本从左边读与从右边读结果一样。例如,"123321"这个字符串是回文,"ABCDCBA"也是回文。

【任务分析】

（1）确定函数名：isHuiWen。

（2）确定函数参数类型和传值方式：参数为字符数组,是地址传递。

（3）确定函数返回值类型：int（为回文返回1,否则返回0）。

（4）确定函数算法：使用两个变量i,j。i指向字符串第0个字符,j指向最后一个字符串。判断i和j所指向的字符是否相同,如果相同则i向后移动1个字符,j向前移动1个字符,当i<j时重复这个操作,最后返回1,表示该字符串是回文；如果不相同,则返回0,表示不是回文。

（5）确定函数调用：在主函数中调用,输入一个字符串,调用isHuiWen()函数,若是回文则输出"该字符串是回文",否则输出"该字符串不是回文"。

【实施代码】

```
#include<stdio.h>
#include<string.h>
#define M 100
int isHuiWen(char s[M])
{
    int i,j,flag=1;
    i=0;
    j=strlen(s)-1;
    while(i<j)
    {
```

```
            if(s[i]!= s[j])
            {
                flag = 0;
                break;
            }
            i++;
            j--;
        }
        return flag;
}
int main()
{
    char s[M];
    gets(s);
    if(isHuiWen(s))
    {
        printf("该字符串是回文");
    }
    else
    {
        printf("该字符串不是回文");
    }
    getchar();
    getchar();
    return 0;
}
```

5.1.5 连接 2 个字符串

【任务描述】 设计函数 strCat()将两个字符串进行连接。例如,字符串 1 为"Hello",字符串 2 为"World",则连接后的字符串为"Hello World"。

【任务分析】

(1) 确定函数名:strCat。

(2) 确定函数参数类型和传值方式:参数是字符数组 1 和字符数组 2,是地址传递。

(3) 确定函数返回值类型:void,连接后的字符串保存在字符数组 1 中。

(4) 确定函数算法:使用两个变量 i,j。i 指向字符串 1 的结束位置,j 指向字符串 2 的第 0 个字符,将字符串 2 的 j 位置上的字符赋值给字符串 1 的 i 位置的字符,然后 i 和 j 都向后移动 1 个字符,循环这个操作,直到字符串 2 结束。最后字符串 1 要加上字符串结束标志\0。

(5) 确定函数调用:在主函数中调用,输入两个字符串,调用 strCat()函数,输出连接后的字符串。

【实施代码】

```
#include<stdio.h>
#include<string.h>
#define M   100
void strCat(char   s1[M],char s2[M])
```

```
    {
        int i,j;
        i = strlen(s1);
        j = 0;
        while(s2[j]!= '\0')
        {
            s1[i] = s2[j];
            i++;
            j++;
        }
        s1[i] = '\0';
    }
    void main()
    {
        char s1[M],s2[M];
        gets(s1);
        gets(s2);
        strCat(s1,s2);
        printf(" % s\n",s1);
    }
```

任务5.2　项目指针重构

 任务描述与分析

在前面的任务中,已经把班级30名同学的成绩信息(包含姓名、学号、成绩)都保存在结构体数组中。通过任务实施,我们发现,采用数组来保存数据的方式存在以下几个问题。

(1)向数组中插入或删除一个元素时,该元素后面的所有元素都要向前或向后移动,即对数组元素的插入或删除操作将大大增加对内存的访问量。而且,当某些数组元素的数据已经无用时,也不能及时释放空间。

(2)用数组存放数据时,必须事先定义固定长度的数组。在学生成绩管理系统中,难以预先确定班级的学生人数,只能将数组定义得足够大,存在内存浪费现象。

为了解决这个问题,周老师给大家介绍了一种新的数据结构——链表。如何才能熟练掌握链表呢?周老师告诉同学们,在学习链表的相关知识之前,还必须先要学习指针的相关概念。指针是C语言的精华,也是难点,熟练掌握指针的操作才能更好地学习链表。

 相关知识与技能

5.2.1　指针

指针是C语言中广泛使用的一种数据类型。运用指针编程是C语言常用的风格。

指针极大地丰富了 C 语言的功能。学习指针是学习 C 语言最重要的一环,能否正确理解和使用指针是是否掌握 C 语言的一个标志。

在计算机中,所有的数据都存放在存储器中。一般把存储器中的一个字节称为一个内存单元,对于一个内存单元来说,单元的地址即为指针,其中存放的数据才是该单元的内容。

1. 指针变量

用来存放指针的变量称为指针变量,指针变量的值就是某个内存单元的地址。定义指针变量的语法格式如下。

数据类型　*变量名;

例如:

int *p1;

以上语句声明了一个指针变量 p1,它的值是某个整型变量的地址,或者说 p1 指向一个整型变量。

再如:

```
int *p2;      /*p2 是指向整型变量的指针变量*/
float *p3;    /*p3 是指向浮点型变量的指针变量*/
char *p4;     /*p4 是指向字符型变量的指针变量*/
```

2. 指针变量的引用

指针变量同普通变量一样,使用之前不仅要声明,而且必须赋予具体的值。未经赋值的指针变量不能使用,对指针变量赋值时只能赋予地址。在 C 语言中,变量的地址是由编译系统分配的,对用户完全透明,用户不知道变量的具体地址。

两个与指针紧密相关的运算符如下。

(1) &:取地址运算符。

(2) *:指针运算符(或称"间接访问"运算符)。

C 语言中提供了地址运算符 & 来表示变量的地址。其一般形式如下。

&变量名

例如,&a 表示变量 a 的地址,&b 表示变量 b 的地址。变量本身必须预先声明。

设有指向整型变量的指针变量 p1、p2,如要把整型变量 a 的地址赋予 p1,整型变量 b 的地址赋予 p2,则可以用以下的表达式。

int a = 5, b = 6; int *p1 = &a, *p2 = &b;

此时指针变量 p1 指向变量 a,p2 指向变量 b,它们的关系可以用图 5-3 来形象描述。

可以通过指针变量来间接访问所指向的变量。要获得 p1 和 p2 所指向变量的值,只要使用运算符*,如*p1 的值就是 5,*p2 的值就是 6。

例如，语句 *p1=8;p2=p1; 将 p1 所指向的变量重新赋值为 8，即 a 的值变成了 8，并且把 p1 的值赋给 p2，即 p2 和 p1 指向同一个变量 a。此时它们的关系如图 5-4 所示。

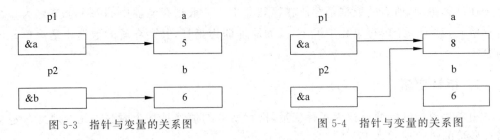

图 5-3 指针与变量的关系图　　　　　图 5-4 指针与变量的关系图

3. 指向数组的指针

数组是由连续的内存单元组成的。数组名就是这块连续内存单元的首地址。数组是由多个数组元素组成的。每个数组元素按其类型不同占有几个连续的内存单元。数组元素的首地址也是指它所占用的几个内存单元的首地址。

定义一个指向数组元素的指针变量的方法与以前介绍的指针变量相同。例如：

```
int a[10];      /*定义 a 为包含 10 个整型数据的数组*/
int *p;         /*定义 p 为指向整型变量的指针*/
```

应当注意，因为数组为 int 型，所以指针变量也应为指向 int 型的指针变量。下面是对指针变量赋值的语句。

```
p = &a[0];
```

该语句把 a[0] 元素的地址赋给指针变量 p。也就是说，p 指向 a 数组的第 0 号元素，如图 5-5 所示。

C 语言规定，数组名代表数组的首地址，也就是第 0 号元素的地址。因此，下面两个语句等价。

```
p = &a[0];
p = a;
```

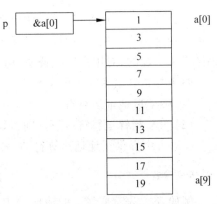

也可在定义指针变量时为其赋初值：

```
int *p = &a[0]; 或者 int *p = a;
```

图 5-5 指向数组的指针

接下来要引用数组元素，可以使用以下两种方式。

(1) 下标法：即用 a[i] 形式访问数组元素。在前面介绍数组时都是采用这种方法。

(2) 指针法：即采用 *(a+i) 或 *(p+i) 形式，用间接访问的方法来访问数组元素，其中 a 是数组名，p 是指向数组的指针变量，其初值 p=a。

下例中通过数组名计算数组元素地址，从而来引用数组元素。

```
int main()
{
    int a[10],i;
    for(i = 0;i < 10;i++)
        *(a + i) = i;
    for(i = 0;i < 10;i++)
        printf("a[ % d] = % d\n",i, * (a + i));
    getchar();
    getchar();
    return 0;
}
```

下例中通过指向数组元素的指针来引用数组元素。

```
int main()
{
    int a[10],i, * p;
    p = a;
    for(i = 0;i < 10;i++)
        *(p + i) = i;
    for(i = 0;i < 10;i++)
        printf("a[ % d] = % d\n",i, * (p + i));
    getchar();
    getchar();
    return 0;
}
```

4. 指针的移动

可以通过对指针与一个整数进行加、减运算来移动指针。进行加法运算时,表示指针向地址增大的方向移动;进行减法运算时,表示指针向地址减小的方向移动。指针移动的具体长度取决于指针指向的数据类型。

例如:

```
int  a[10], * p;
p = a;
```

以上语句定义了1个整型数组a,共有10个元素。整型指针变量p刚开始指向数组a的首元素a[0]。此时如果执行语句p=p+3,那么p向后移动3个元素,此时p指向元素a[3]。再执行语句p--,那么p向前移动1个元素,此时p指向元素a[2]。下面的例子通过指针的移动来求数组中元素的和。

```
int main()
{
    int a[10],i, * p,sum = 0;
    p = a;
    for(i = 0;i < 10;i++)
    {
```

```c
        *p = i;
        sum = sum + *p;
        p++;
    }
    printf("sum = %d",sum);
    getchar();
    getchar();
    return 0;
}
```

5. 字符指针

在 C 语言中,可以用以下两种方法访问一个字符串。

(1) 字符数组,例如:

```c
char s[] = "Hello world!";
```

(2) 字符指针指向字符串,例如:

```c
char *s = "Hello world!";
```

使用字符指针指向一个字符串时,其实字符指针指向的是这个字符串的首字符,然后可以通过指针的移动来实现对字符串中每个字符的操作。移动过程中可以通过比较当前所指向的当字符是否是\0 来判断字符串是否结束。下面的例子分别统计字符串中的大写字母、小写字母和数字字符的个数。

```c
int main()
{
    char s[50], *p = s;
    int a = 0, b = 0, c = 0;
    printf("请输入一个字符串:\n");
    gets(p);
    while(*p!= '\0')
    {
        if(*p>='A'&& *p<='Z')
            a++;
        else if(*p>='a'&& *p<='z')
            b++;
        else if(*p>='0'&& *p<='9')
            c++;
        p++;
    }
    printf("大写字母个数: %d,小写字母个数: %d,数字字符个数: %d",a,b,c);
    getchar();
    getchar();
    return 0;
}
```

6. 结构体指针

当一个指针指向一个结构体变量时,称该指针为结构体指针。定义结构体指针的语法格式如下。

struct 结构体名 *结构体指针变量名;

通过指针访问结构体变量的某个成员时,有以下两种方法。

(*结构体指针变量).成员名
结构体指针变量->成员名

例如:

```
struct stu
{
    char name[20];
    char sex;
    int score;
};
int main()
{
    struct stu * p;
    struct stu s = {"li ping",'M',80};
    p = &s;
    printf("姓名:%s,性别:%s,成绩:%d",p->name,p->sex,(*p).score);
    getchar();
    getchar();
    return 0;
}
```

7. 指针作为函数的参数

函数的参数不仅可以是整型、实型、字符型等,还可以是指针类型。其作用是将一个地址值传给函数的指针型形参,使指针型形参指向指针型实参指向的变量,即在函数调用时确定指针型形参的指向。

下面的例子中,swap()函数的功能是将两个整数进行互换,两个形参是整型指针,然后在主函数中进行调用。

```
void swap(int * x, int * y)
{
    int  temp;
    temp = * x;
    * x = * y;
    * y = temp;
}
int main()
{
```

```
        int x,y;
        printf("请输入两个整数:\n");
        scanf("%d%d",&x,&y);
        swap(&x,&y);
        printf("x=%d,y=%d",x,y);
        getchar();
        getchar();
        return 0;
    }
```

从键盘输入 x,y 的值 6 和 8,则程序执行结果为 x=8,y=6,实现了将两个整型变量的值进行交换。因为 main()函数将变量 x、y 的地址传给 swap 函数的两个指针型形参,即两个指针型形参指向了在 main()函数中定义的变量 x,y。那么在 swap 中实现交换的变量就是 main 函数中定义的 x,y。下面的例子是不能将两个整型变量值交换的。

```
    void swap(int x, int y)
    {
        int  temp;
        temp = x;
        x = y;
        y = temp;
    }
    int main()
    {
        int x,y;
        printf("请输入两个整数:\n");
        scanf("%d%d",&x,&y);
        swap(x,y);
        printf("x=%d,y=%d",x,y);
        getchar();
        getchar();
        return 0;
    }
```

从键盘输入 x,y 的值 6 和 8,则程序执行结果为 x=6,y=8,并没有实现将两个整数的值进行交换。因为 main()函数是将 x、y 的值传给 swap()函数的两个形参,swap()函数的形参和 main()函数中的定义的变量是不同的,在 swap()函数中进行的数据交换并没有改变 main()函数中定义的变量 x、y。

5.2.2 链表

1. 链表的基本概念

链表中的每个元素称为节点,一个链表由若干个节点组成。每个节点之间可以是不连续的,节点之间的联系可以用指针实现。即在节点结构体中定义一个成员项来存放下一个节点的地址,这个存放地址的成员,常把它称为指针域。

可在第 1 个节点的指针域内存入第 2 个节点的首地址,在第 2 个节点的指针域内存放第 3 个节点的首地址,如此串联下去直到最后一个节点。这样一种连接方式,在数据结构中称为链表,如图 5-6 所示。

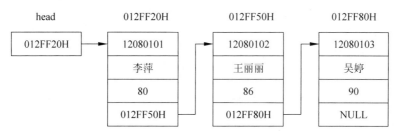

图 5-6　链表结构图

图 5-6 中,第 0 个节点称为头节点,它存放了第一个节点的首地址,它没有数据,只是一个指针变量。以下的每个节点都分为两个域,一个是数据域,存放各种实际的数据,如学号 num、姓名 name 和成绩 score 等。另一个域为指针域,存放下一节点的首地址。最后一个节点不指向任何节点,该节点的指针域的值为 NULL,这一节点也称为尾节点。

例如,一个存放学生学号、姓名和成绩的节点结构如下。

```
struct STU
{
    char[20] num;
    char[20] name;
    int score;
    struct STU * next;
}
```

前三个成员组成数据域,后一个成员 next 构成指针域,它是一个指向 STU 类型结构的指针变量。

2. 动态分配存储的函数

1) malloc()函数

格式:(数据类型 *) malloc(size)。

功能:在内存的动态存储区开辟一块长度为 size 字节的连续区域。若分配成功,则函数的返回值为该区域的首地址;否则返回空指针。size 用于指定空间大小。

例如:

```
int * p;
p = (int * )malloc(8);
```

以上语句分配 8 字节的存储空间,并把该空间的首地址赋给整型指针变量 p,使 p 指向该空间。如果每个整型数据占 4 个字节,则这段空间可以存储 2 个整型数据。p 指向第 1 个整型数据,p+1,则指向第 2 个整型数据。

2) realloc()函数

格式：(数据类型*)realloc(指针变量 ptr,size)。

功能：将指针变量 ptr 指向的存储空间(用 malloc()分配的)的大小改为 size 个字节，当用函数 malloc()分配的存储空间的大小需要改变时,使用该函数。

3) calloc()函数

格式：(数据类型*)calloc(n,size)。

功能：在内存的动态存储区开辟 n 个长度为 size 字节的连续区域。若分配成功,则函数的返回值为该区域的首地址,否则返回空指针。

例如：

struct STU * p = (struct STU *)calloc(30,sizeof(struct STU));

以上语句分配 30 个连续的 STU 结构体大小的内存区域,并把该内存空间的首地址赋给 STU 结构体指针 p,那么 p 指向第 1 个 STU 结构体变量,通过指针的向后移动,让 p 指向第 2 个、第 3 个 STU 结构体变量。

4) free()函数

格式：free(指针变量 ptr)。

功能：释放指针变量 ptr 指向的内存空间。通过 malloc()函数、calloc()函数动态分配的内存空间需要调用 free()函数手动释放,系统不会自动回收。

例如：

```
int * p;
p = (int * )malloc(8);
…
free(p);
```

3. 链表的建立

从一个空表开始,头指针为 NULL。然后创建新节点,将读入的数据存放在新节点的数据域中,然后将新节点插入当前链表的表头。重复这个操作,即生成链表。算法步骤如下。

(1) 将头指针 head 置为 NULL,如图 5-7 所示。

(2) 创建新节点 s(即 s 指向该节点),如图 5-8 所示。

(3) 将节点的值写入数据域,如图 5-9 所示。

图 5-7　头指针　　　　　图 5-8　新节点 s　　　　　图 5-9　s 值写入数据域

(4) 将 head 的值写入该节点的指针域,如图 5-10 所示。

(5) 将节点 s 的地址值赋给 head,如图 5-11 所示。

图 5-10　head 值写入指针域　　　　图 5-11　将 s 赋给 head

(6) 重复进行第(2)~(5)步,就可以建立含有多个节点的单链表,如图 5-12 所示。

图 5-12　单链表

实现代码如下。

```c
struct node
{
    char data;
    struct node * next;
};
//创建链表
struct node * createListF()
{
    struct node * head = NULL;
    struct node * s;
    char ch;
    while((ch = getchar())!= '\n')
    {
        s = (struct node * )malloc(sizeof(struct node));
        if(s!= NULL)
        {
            s -> data = ch;
            s -> next = head;
            head = s;
        }
    }
}
void outputNode(struct node * head)
{
    struct node * p = head;
    while(p!= NULL)
    {
        printf("%c\n",p -> data);
        p = p -> next;
    }
}
int main()
{
    struct node * head = createListF();
    outputNode(head);
```

```
        getchar();
        getchar();
        return 0;
}
```

4. 链表的插入

将值为 x 的新节点 s 插入链表 head 中,成为第 i 个节点。算法步骤如下。

(1) 从开始节点出发,顺着链表找第 i-1 个节点,使指针 p 指向第 i-1 个节点,如图 5-13 所示。

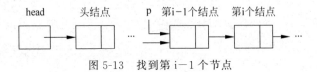

图 5-13　找到第 i-1 个节点

(2) 生成新的节点 s,即实现如下操作。

```
s = (struct node * )malloc(sizeof(struct node));
s->data = 'x';
```

(3) 将新节点 s 的指针域指向第 i 个节点,即实现以下操作。

```
s->next = p->next;
```

(4) 将 p 所指节点的指针域指向节点 s,如图 5-14 所示,即实现如下操作。

```
p->next = s;
```

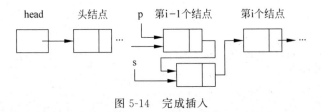

图 5-14　完成插入

实现代码如下。

```
struct node * getNode(struct node * head, int i)
{
    int j = 0;
    struct node * p = head;  //从头开始扫描
    while(p!= NULL && j < i)
    {
        p = p->next;
        j++;
    }
    return p;
}
```

```
void insertNode(struct node * head, int i)
{
    struct node * p = getNode(head,i-1);
    if(p!= NULL)
    {
        struct node * s = (struct node *)malloc(sizeof(struct node));
        if(s!= NULL)
        {
            s->data = 'x';
            s->next = p->next;
            p->next = s;
        }
    }
    else
    {
        printf("找不到该节点!\n");
    }
}
int main()
{
    struct node * head = createListF();
    insertNode(head,2);
    outputNode(head);
    getchar();
    getchar();
    return 0;
}
```

5．链表节点的删除

删除链表 head 上第 i 个节点，算法步骤如下。

（1）从开始节点出发，顺着链表找第 i－1 个节点，使指针 p 指向第 i－1 个节点，如图 5-15 所示。

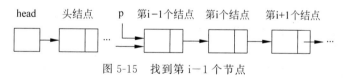

图 5-15　找到第 i－1 个节点

（2）使指针 r 指向第 i 个节点（将被删除的节点），即执行以下操作。

r = p->next;

（3）使指针 p 指向将被删除的节点的直接后继，如图 5-16 所示，即执行以下操作。

p->next = r->next;

（4）释放被删除的节点的内存空间，即执行以下操作：

free(r);

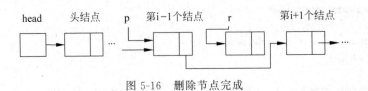

图 5-16　删除节点完成

实现代码如下。

```c
void deleteNode(struct node * head , int i)
{
    struct node * p = getNode(head,i-1);
    struct node * r;
    if(p!= NULL && p->next!= NULL)
    {
        r = p->next;
        p->next = r->next;free(r);
    }
    else
    {
        printf("找不到该节点!\n");
    }
}
int main()
{
    struct node *  head = createListF();
    deleteNode(head,2);
    outputNode(head);
    getchar();
    getchar();
    return 0;
}
```

5.2.3　用链表重构项目

通过以上知识的学习,项目组就可以使用链表来重构学生成绩管理系统了。①重新设计项目数据结构;②重构函数 addScore()添加学生成绩,将学生成绩信息保存在链表中;③重构函数 listScore()浏览学生成绩;④重构 maxScore()、minScore()、avgScore()、passRate()函数完成学生成绩统计;⑤重构排序函数 dortScore()完成学生成绩排序;⑥重构函数 segScore()完成学生成绩分段统计;⑦重构函数 searchStuById()完成根据学号查询学生的成绩;⑧重构函数 searchStuByName()完成根据姓名查询学生的成绩。

1. 重构项目数据结构

学生成绩管理系统中的学生成绩信息包含学号、姓名、成绩三个数据,还要包含一个指向下一个学生的指针域。

（1）定义学生成绩结构体如下。

```
struct STU
{
    char stuId[8];
    char stuName[20];
    int cScore;
    struct STU * next;
}
```

（2）在 main() 函数中声明一个头指针，指向链表的第一个节点。

```
struct STU * head = NULL;
```

2. 重构函数 addScore() 添加学生成绩

1）功能描述

此函数循环执行，在录入学生成绩信息之前询问用户，如果用户输入 Y，则输入学号、姓名、成绩三个数据。如果用户输入 N，则退出循环，结束添加学生成绩。

2）函数设计

（1）函数名：addScore。
（2）函数参数：一个 STU 类型的结构体指针变量，指向链表的第 1 个节点。
（3）返回值类型：STU *。
（4）函数原型：

```
返回值类型 函数名(STU * 指针变量名)
{
    int flag = 1;
    while(flag)
    {
        ...
    }
}
```

3）函数实现

```
STU * addScore(STU * head)
{
    char ss;
    int flag = 1;
    while(flag)
    {
        getchar();
        printf("do you want to input student's info:(Y/N)");
        scanf(" % c",&ss);
        if(ss == 'y' || ss == 'Y')
        {
```

```
            STU * s = (STU *)malloc(sizeof(STU));
            printf("please input stuid:");
            scanf("%s",s->stuId);
            printf("please input stuname:");
            scanf("%s",s->stuName);
            printf("please input cScore:");
            scanf("%d",&(s->cScore));
            s->next = head;
            head = s;
        }
        else
            flag = 0;
    }
    return head;
}
```

4) 函数调用

```
int main()
{
    struct STU * head = NULL;
    ...
        case 1:
            head = addScore(head);break;
    ...
}
```

3. 重构函数 listScore() 浏览学生成绩

1) 函数设计

(1) 函数名：listScore。
(2) 函数参数：一个 STU 类型的结构体指针变量。
(3) 返回值类型：void。
(4) 函数原型：

```
返回值类型 函数名(STU * head)
{
    STU * p = head;
    while(p!= NULL)
    {
        ...
        p = p->next;
    }
}
```

2) 函数实现

```
void listScore(STU * head)
{
```

```
    STU * p = head;
    while(p!= NULL)
    {
        printf("stuid:    % s\n",p->stuId);
        printf("stuname:  % s\n",p->stuName);
        printf("cScore:   % d\n",p->cScore);
        printf("\n");
        p = p->next;
    }
}
```

3) 函数调用

```
int main()
{
    struct STU * head = NULL;
    ...
        case 2:
            listScore(head);break;
    ...
}
```

4. 重构 maxScore()、minScore()、avgScore()、passRate()函数完成学生成绩统计

1) 函数设计

(1) 函数名：maxScore、minScore、avgScore、passRate。
(2) 函数参数：一个 STU 类型的结构体指针变量，指向链表的第 1 个节点。
(3) 返回值类型：最高分、最低分 int，平均分、及格率 double。
(4) 函数原型：

```
返回值类型 函数名(STU * head )
{
    STU * p = head;
    while(p!= NULL)
    {
        ...
        p = p->next;
    }
}
```

2) 函数实现

```
int maxScore(STU * head)
{
    int max = 0;
    STU * p = head;
    while(p!= NULL)
    {
```

```c
        if(p->cScore>max)
            max=p->cScore;
        p=p->next;
    }
    return max;
}

int minScore(STU *head)
{
    int min=100;
    STU *p = head;
    while(p!=NULL)
    {
        if(p->cScore<min)
            min=p->cScore;
        p=p->next;
    }
    retrun min;
}

double avgScore(STU *head)
{
    int sum=0,n=0;
    double avg;
    STU *p = head;
    while(p!=NULL)
    {
        sum+=p->cScore;
        n=n+1;
        p=p->next;
    }
    avg=sum*1.0/n;
    return avg;
}

double passRate(STU *head)
{
    int length=0,num=0;
    STU *p = head;
    while(p!=NULL)
    {
        if(p->cScore>=60)
            num++;
        length++;
        p=p->next;
    }
    return num*1.0/length;
}
```

3) 函数调用

```c
int main()
{
```

```
struct STU * head = NULL;
...
    case 3:
        printf("\n max = % d\n",maxScore(head));
        break;
    case 4:
        printf("\n min = % d\n",minScore(head));
        break;
    case 5:
        printf("\n average = % f\n",avgScore(head));
        break;
    case 6:
        printf("\n passRate = % f\n",passRate(head));
        break;
...
}
```

5. 重构排序函数 sortScore()完成学生成绩排序

1) 函数设计

（1）函数名：sortScore。

（2）函数参数：一个 STU 结构体指针变量。

（3）返回值类型：void。

（4）函数原型：

```
返回值类型 函数名(STU * head)
{
    for( ;  ; )
    {
        for ( ;  ; )
            ...
    }
}
```

2) 函数实现

```
void sortScore(STU * head)
{
    STU * p, * q;
    int temp;
    for(p = head;p!= NULL;p = p -> next)
    {
        for(q = p -> next;q!= NULL;q = q -> next)
        {
            if(p -> cScore < q -> cScore)
            {
                temp = q -> cScore;
                q -> cScore = p -> cScore;
                p -> cScore = temp;
```

```
            }
        }
    }
}
```

3) 函数调用

```
int main()
{
    struct STU * head = NULL;
    …
        case 8:
            sortScore(head);
            listScore(head);
            break;
    …
}
```

6. 重构函数 segScore()完成学生成绩分段统计

1) 函数设计

(1) 函数名：segScore。

(2) 函数参数：一个 STU 类型的结构体指针变量，指向链表的第 1 个节点。

(3) 返回值类型：void。

(4) 函数原型：

```
返回值类型 函数名(STU * head)
{
    STU * p = head;
    while(p!= NULL)
    {
        …
        p = p->next;
    }
}
```

2) 函数实现

```
void segScore(STU * head)
{
    int g[11] = {0}, i, n = 0;
    STU * p = head;
    while(p!= NULL)
    {
        switch(p->cScore/10)
        {
            case 10:g[10]++;break;
            case 9:g[9]++;break;
            case 8:g[8]++;break;
```

```
                case 7:g[7]++;break;
                case 6:g[6]++;break;
                case 5:g[5]++;break;
                case 4:g[4]++;break;
                case 3:g[3]++;break;
                case 2:g[2]++;break;
                case 1:g[1]++;break;
                case 0:g[0]++;break;
            }
            n = n + 1;
            p = p->next;
        }
        for(i = 0;i < 11;i++)
            printf("seg rate %d -- %d: is %f%%\n",i*10,i*10+9,g[i]*1.0/n*100);
    }
```

3) 函数调用

```
int main()
{
    struct STU * head = NULL;
    ...
        case 7:
            segScore(head);break;
    ...
}
```

7. 重构函数 searchStuById()完成根据学号查询学生的成绩

1) 功能描述

该函数根据学号查询学生的成绩,因此参数中需要传入要查询的学生学号,学号是一个字符串。

2) 函数设计

(1) 函数名:searchStuById。

(2) 函数参数:一个 STU 类型的结构指针变量和一个字符指针变量。

(3) 返回值类型:void。

(4) 函数原型:

```
返回值类型 函数名(STU * head,char * sId)
{
    STU * p = head;
    while(p!= NULL)
    {
        ...
        p = p->next;
    }
}
```

3) 函数实现

```c
void searchStuById(STU * head,char * sId)
{
    STU * p = head;
    STU * s = NULL;
    while(p!= NULL)
    {
        if(strcmp(sId,p->stuId) == 0)
        {
            s = p;
            break;
        }
        p = p->next;
    }
    if(s == NULL)
    {
        printf("对不起,没有该生的信息!\n");
    }
    else
    {
        printf("stuid:    %s\n",s->stuId);
        printf("stuname:  %s\n",s->stuName);
        printf("cScore:   %d\n",s->cScore);
    }
}
```

4) 函数调用

```c
int main()
{
    struct STU * head = NULL;
    char sId[8];
    ...
        case 1:
            printf("请输入需查询的学生学号：  ");
            scanf("%s",sId);
            searchStuById(head,sId);
            break;
    ...
}
```

8. 重构函数 searchStuByName()完成根据姓名查询学生的成绩

1) 功能描述

该函数根据姓名查询学生的成绩,因此参数中需要传入要查询的学生姓名,姓名是一个字符串。

2) 函数设计

（1）函数名：searchStuByName。

(2) 函数参数：一个 STU 结构指针变量和一个字符指针变量。
(3) 返回值类型：void。
(4) 函数原型：

```
返回值类型 函数名(STU  * head,char * sName )
{
    STU * p = head;
    while(p!= NULL)
    {
        ...
        p = p -> next;
    }
}
```

3) 函数实现

```
void searchStuByName(STU * head,char * sName)
{
    STU * p = head;
    STU * s = NULL;
    while(p!= NULL)
    {
        if(strcmp(sName,p -> stuName) == 0)
        {
            s = p;
            break;
        }
        p = p -> next;
    }
    if(s == NULL)
    {
        printf("对不起,没有该生的信息!\n");
    }
    else
    {
        printf("stuId:    % s\n",s -> stuId);
        printf("stuName:   % s\n",s -> stuName);
        printf("cScore: % d\n",s -> cScore);
    }
}
```

4) 函数调用

```
int main()
{
    struct STU * head = NULL;
    char sName[20];
    ...
        case 1:
            printf("请输入需查询的学生姓名：   ");
```

```
            scanf("%s",sName);
            searchStuByName(head,sName);
            break;
        ...
}
```

5.2.4 保存信息到双向链表

【任务描述】 设计函数 a(),使用双向链表保存输入的学生成绩信息。

【任务分析】 双向链表简称双链表,是链表的一种,它的每个数据节点中都有两个指针,分别指向直接后继和直接前驱。所以,从双向链表中的任意一个节点开始,都可以很方便地访问它的前驱节点和后继节点。设计学生成绩管理系统中的学生成绩信息双向链表数据结构,结构体定义如下。

```
struct STU
{
    char stuId[8];
    char stuName[20];
    int cScore;
    struct STU * next;
    strcut STU * prev;
};
```

addScore()函数的设计和调用方案如下。

(1) 确定函数名:addScore。

(2) 确定函数参数类型和传值方式:指向结构体类型 STU 的指针,是地址传递。

(3) 确定函数返回值类型:STU *。

(4) 确定函数算法:循环判断用户的输入,如果输入 Y 那么创建一个新的节点,输入学生学号、姓名、成绩,并将新节点插入链表中;如果输入 N,则退出循环,结束添加学生成绩信息。

(5) 确定函数调用:在主函数中调用 addScore()添加学生成绩信息。

【实施代码】

```
#include <stdio.h>
#include <string.h>
#include <stdlib.h>
struct STU
{
    char stuId[8];
    char stuName[20];
    int cScore;
    struct STU * next;
```

```
        struct STU * prev;
    };

    STU * addScore(STU * head)
    {
        char ss;
        int flag = 1;
        while(flag)
        {
            getchar();
            printf("do you want to input student's info:(Y/N)");
            scanf(" % c",&ss);
            if(ss == 'y'||ss == 'Y')
            {
                STU * s = (STU * )malloc(sizeof(STU));
                printf("please input stuid:");
                scanf(" % s",s - > stuId);
                printf("please input stuname:");
                scanf(" % s",s - > stuName);
                printf("please input cScore:");
                scanf(" % d",&(s - > cScore));
                if(head!= NULL)
                {
                    head - > prev = s;
                }
                s - > next = head;
                head = s;
            }
            else
            {
                flag = 0;
            }
        }
        return head;
    }
    int main()
    {
        struct STU * head = NULL;
        head = addScore(head);
        getchar();
        getchar();
        return 0;
    }
```

5.2.5 寻宝游戏

【任务描述】 设计游戏,设置若干个关卡,每个关卡都有本次关卡的游戏说明。完成相应的关卡任务,得到对应的宝藏,然后会得到下一个关卡的指引入口。完成所有关卡,游戏结束。

【任务分析】 在此任务中首先要定义一个结构体来表示游戏,游戏包含的变量有游戏关卡名称 name、问题 question、答案 answer、宝藏金币数量 gold、指向下一关卡的指针。结构体定义如下。

```
typedef struct game
{
    char name[200];
    char question[200];
    char answer[200];
    game * next;
    int gold;
}GAME;
```

接下来定义两个函数 initGame() 和 playGame(),分别用来初始化游戏和玩游戏。initGame() 通过键盘输入的关卡名称、问题、答案、金币数量构建链表结构,并用 head 指针指向链表头。在 playGame() 函数中通过 while 循环从链表头开始游戏,如果玩家回答正确,那么累加金币数量,继续下一关游戏,回答错误则结束游戏。最后,在主函数 main() 中通过 while 循环输出一个菜单,让用户进行操作,根据用户的选择调用相应的函数。在玩游戏之前先要初始化一下游戏。

【实施代码】

```
#include<stdio.h>
#include<malloc.h>
#include<string.h>
GAME * head;
void initGame()
{
    GAME * g;
    GAME * p;
    int flag = 1;
    char ss;
    printf("开始初始化寻宝游戏\n");
    while (flag)
    {
        g = (GAME * )malloc(sizeof(GAME));
        if (g)
        {
            printf("请输入游戏关卡名\n");
            scanf("%s", g->name);
            printf("请输入游戏关卡问题\n");
            scanf("%s", g->question);
            printf("请输入游戏关卡问题答案\n");
            scanf("%s", g->answer);
            printf("请输入该关卡宝石数量\n");
            scanf("%d", &g->gold);
```

```c
            g->next = NULL;
            if (head)
            {
                p->next = g;
                p = p->next;
            }
            else
            {
                head = g;
                p = head;
            }
            getchar();
            printf("是否继续增加游戏关卡?按 Y 继续,N 退出\n");
            scanf("%c", &ss);
            if (ss == 'y' || ss == 'Y')
            {
                flag = 1;
            }
            else
            {
                flag = 0;
            }
        }
        else
        {
            break;
        }
    }
}
void playGame()
{
    int flag = 1;
    char ss;
    GAME * p = head;
    char answer[200];
    int gold = 0;
    printf("开始寻宝游戏\n");
    while (flag)
    {
        printf("%s\n", p->question);
        printf("请输入你的答案\n");
        scanf("%s", answer);
        if (strcmp(p->answer, answer) == 0)
        {
            gold = gold + p->gold;
            p = p->next;
            if (p == NULL)
            {
                printf("回答正确,游戏已结束\n");
```

```c
                printf("你总共获得%d颗钻石\n", gold);
                break;
            }
            else
            {
                printf("回答正确,你现在的钻石数量是%d颗\n", gold);
                getchar();
                printf("是否继续游戏?按Y继续,N退出\n");
                scanf(" %c", &ss);
                if (ss == 'y' || ss == 'Y')
                {
                    flag = 1;
                }
                else
                {
                    flag = 0;
                }
            }
        }
        else
        {
            printf("回答错误,游戏已结束,你现在的钻石数量是%d颗\n",gold);
            flag = 0;
        }
    }
}
int main()
{
    int flag = 1;
    int select;
    while (flag)
    {
        printf("\t\t   寻宝游戏\n\n");
        printf("\t\t   1——初始化游戏\n");
        printf("\t\t   2——开始游戏\n");
        printf("\t\t   3——保存游戏\n");
        printf("\t\t   4——读取游戏\n");
        printf("\t\t   0——退出\n");
        printf("\n");
        printf("请输入您的选择:   ");
        scanf(" %d", &select);
        if (select == 1)
        {
            initGame();
        }
        else if (select == 2)
        {
            playGame();
        }
```

```
            else if(select == 0)
            {
                flag = 0;
            }
            else
            {
                printf("选择无效,请重新选择\n");
            }
        }
        getchar();
        getchar();
        return 0;
    }
```

本 章 小 结

  本章主要使用结构体和链表对学生成绩管理系统的各功能进行了重构,包括管理员角色的成绩添加和浏览、成绩统计、成绩排序等;学生角色的成绩查询。

  (1) 结构体是由一系列不同类型的数据构成的数据集合,包含多个成员变量。结构体的主要作用是封装,将不同类型的数据封装成一个整体,方便完成数据的存储和操作。使用结构体可以保存学生的学号、姓名和成绩等多种信息。通过"."运算符来引用结构体各成员变量。

  (2) 内存单元的地址称为指针。C 语言之所以强大,以及自由性,很大部分体现在其灵活的指针运用上,因此说指针是 C 语言的灵魂,一点也不为过。但是指针的使用极其复杂,使用不当,会导致内存泄漏、系统崩溃。使用指针前,要明确指针所指向的内存空间,不能不初始化就使用。指针移动过程中要特别小心,不要越界,以免内存泄漏。如果指针所指向的变量是自动分配空间的,不必手动释放,系统会自动回收。如果指针所指向的变量是动态分配空间的,此时必须要手动释放,系统不会自动回收。

  (3) 链表是一种物理存储单元上非连续、非顺序的存储结构。每个节点包括两个部分:①存储数据的数据域;②存储下一个节点地址的指针域。使用链表的好处就是不受空间限制,不像数组在使用之前必须要明确长度。链表可以动态创建。节点的插入、删除操作比较方便,不需要大量移动数据。缺点就是查找时需要从头指针开始一一遍历。因此链表适合需要大量进行插入、删除的操作,不适合需要大量查询的操作。

  (4) 使用指针和结构体重构代码、优化代码,培养学生精益求精的工匠精神。

  (5) 设计寻宝游戏等趣味性的拓展任务,拓展专业技能,引导学生沉浸式学习,进一步提高学习兴趣。

  (6) 针对重点和难点,将重点和难点知识点融入教学任务中,引导学生线上线下混合式学习,同时注重分层分类教学资源设计,促进规模化的个性教育。

能 力 评 估

1. 假定图书信息包括编号、书名、价格、借阅人姓名、是否已借出标志。图书借阅程序功能有：根据输入的图书编号查找库中是否有此书，若无此书，则输出相应信息表示没有此书；若有，再查看是否已借出。若没有借出，则输入借阅人姓名并将此书标记为借出。若已被借出，则输出相应信息表示已被借出。使用链表编程实现图书借阅程序的相关功能。

2. 模拟三人斗地主游戏中的洗牌和发牌。一副牌假定有52张（不包括大小王），有13种面值（2、3、4、5、6、7、8、9、10、J、Q、K、A）和4种花色（红桃、黑桃、方块、梅花）。定义一张纸牌的结构体如下。

```
struct card
{
    char * face ;               //面值
    char * suit ;               //花色
}
```

编写以下2个函数。

(1) void init(Card * wDesk);   //初始化一副牌
(2) void deal(Card * wDesk);   //把一副牌发给3个玩家

第6章 项目重构2——文件

在第5章中,程序运行时添加了30个学生的成绩信息,当关闭程序再重新启动时,这些信息就没有了。如何才能将上次操作的结果保存下来呢?

造成这一现象的原因是这些大批量的数据都是存储在内存中的,当程序运行结束时,内存被回收,这些信息自然就没有了。为了解决上述问题,本章将学生成绩管理信息系统涉及的数据存储到文件中,程序结束前,将本次的操作结果存储到文件中;启动程序时,直接从文件中读取数据,从而实现了上次操作结果的重现。文件是C语言编程存储信息的重要结构,可以实现数据的重复使用,大家在学习的过程中要认真实践和应用。

工作任务

- 任务6.1 保存学生信息到文件
- 任务6.2 从文件读取学生信息

学习目标

知识目标

(1) 掌握文件的概念和使用。
(2) 掌握写文件的流程和相关操作。
(3) 掌握读文件的流程和相关操作。

能力目标

(1) 能够熟练使用文件存储数据信息。
(2) 能够熟练使用文件进行项目开发。

素质目标

(1) 在不断重构代码的过程中,进一步培养学生精益求精的工匠精神。
(2) 通过任务功能的进一步改进,优化代码,培养学生的学习自信,增强学习成就感。
(3) 通过强调文件读/写的安全性原则,引出软件开发安全教育,增强学生软件安全意识、版权意识和知识产权意识。
(4) 进一步引导学生线上线下混合式学习,注重分层分类教学资源设计,满足个性化学习需要。

任务 6.1 保存学生信息到文件

任务描述与分析

在前面的模块中,学生成绩是保存在结构体变量中的,当程序结束时,内存被回收,保存在内存中的信息全部消失;当再次运行程序时,管理员需要重新录入学生成绩信息。造成这一问题的原因是,学生成绩信息是动态存储的,没有办法永久保存,不能重复使用。为了解决这个问题,周老师提出了一种新的解决方案:应用文件存储学生成绩,将管理员输入的学生信息保存到文件中,从而实现学生成绩的永久保存。要求各项目小组使用文件来重构学生成绩管理系统。

任务实现效果如图 6-1 和图 6-2 所示。当以管理员身份登录系统并完成了班级成绩添加后,选择菜单项 9,就可以将学生成绩保存到文件 stuScore.txt 中。

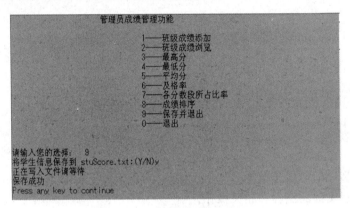

图 6-1 保存班级成绩操作过程

图 6-2 保存班级成绩实现效果

为了实现这个任务,周老师要给项目组的同学们分析一下需要掌握哪些知识。通过分析,要完成这个重构任务,需要掌握文件操作的方法和操作流程,具体要求如下。

(1) 理解文件的概念及文件操作的流程。

(2) 掌握文件打开函数 fopen()、文件关闭函数 fclose(),熟练进行文件的打开、关闭。

(3) 掌握文件的读/写函数 fscanf() 和 fprintf(),熟练进行文件的读、写操作。

相关知识与技能

6.1.1 文件分类

文件是在内存以外的设备上以某种形式组织的数据集合,可以按文件名来存取其中的数据。

(1) 按存储介质,文件可分为以下两类。

① 普通文件:存储介质(磁盘、磁带等)文件。

② 设备文件:非存储介质(键盘、显示器、打印机等)文件。

(2) 按数据的组织形式,文件可以分为以下两类。

① 文本文件:是可以在文本编辑环境下阅读和修改的 ASCII 文件,可以由终端键盘输入、由显示器或打印机输出。每个字节存放一个 ASCII 字符。

② 二进制文件:不能通过文本编辑环境阅读和修改,只能通过程序修改,不能由终端键盘输入、由显示器或打印机输出。数据按其在内存中的存储形式原样存放。

6.1.2 文件处理流程

1. 操作类别

(1) 写文件:将内存数据写入磁盘,保存为磁盘文件。

(2) 读文件:从磁盘的文件中读取数据到内存中。

2. 操作步骤

文件处理的操作步骤为:打开文件→文件读/写→关闭文件。

在操作的过程中,要注意安全性,打开文件,操作完成后,一定要进行关闭;否则,将会影响其他进程访问该文件,并且会占用系统资源,造成不必要的资源浪费。在程序开发过程中,要注意软件开发的安全性,任何一个安全漏洞都有可能造成巨大的损失。同时,软件的版权和知识产权也同样重要,大家要加强这些方面知识的学习。

3. 函数库

操作文件的函数存放在头文件 stdio.h 中。

6.1.3 文件操作函数

C 语言提供了丰富的文件操作函数,在使用前应包含头文件 stdio.h。

文件打开时,系统自动建立文件结构体,并返回指向它的指针,程序通过这个指针获得文件信息,访问文件。

声明指针变量的语法格式如下。

FILE *fp;

文件关闭后,它的文件结构体被释放。

1. 文件打开函数 fopen()

格式:FILE * fopen(char * name,char * mode)。

参数:

name——要打开的文件名。

mode——文件操作模式,详细如表 6-1 所示。

表 6-1 文件打开方式

文件使用方式(mode)	含 义
r/rb(只读)	以只读方式打开一个已存在的文本/二进制文件
w/wb(只写)	以只写方式打开或建立一个文本/二进制文件
a/ab(追加)	向文本/二进制文件尾追加数据
r+/rb+(读/写)	以读/写方式打开一个已存在的文本/二进制文件
w+/wb+(读/写)	以读/写方式打开或建立一个文本/二进制文件
a+/ab+(读/写)	以读/写方式打开或建立一个文本/二进制文件

功能:按指定方式打开文件。

返回值:若正常打开,为指向文件结构体的指针;若打开失败,为 NULL。

例如:

```
FILE *fp;
fp= fopen ("d:\\fengyi\\bkc\\test.dat","r");
```

再如:

```
FILE *fp;
char *filename="c:\\fengyi\\bkc\\test.dat"
fp= fopen(filename,"r");
```

2. 文件关闭函数 fclose()

格式:int fclose(FILE * fp)。

功能:关闭 fp 指向的文件。

返回值:正常关闭为 0;出错时为非 0。

3. 格式化输出函数 fprintf()

格式:int fprintf(FILE * fp,const char * format,…)。
功能:按指定格式对文件进行输出操作。
例如:

```
fprintf(fp, "%d,%6.2f",i,t);        /*将 i 和 t 按%d,%6.2f 格式输出到 fp 文件中*/
```

【例 6-1】 输入部门信息并保存到文件。

```
#include <stdio.h>
int main()
{
    char deptName[8];
    int deptId;
    FILE * fp;
    if((fp = fopen("test.txt","w")) == NULL)
    {
        printf("can't open file");
        return;
    }
    scanf("%s%d", deptName,&deptId);
    fprintf(fp,"%s    %d", deptName, deptId);    /* write to file */
    fclose(fp);
    getchar();
    getchar();
    return 0;
}
```

本程序完成的功能是,用户从键盘输入部门编号和部门名称,并保存到 test.txt 文件中。值得注意的是,test.txt 文件与本程序的可执行文件位于同一个文件夹下。

任务实施

6.1.4 将学生成绩存入文件

具备了以上知识,同学们就可以将学生成绩保存到文件,具体步骤如下。

(1) 重构 main()函数,添加"保存并退出"菜单项,选择该菜单项,就可以完成将学生成绩保存到文件中。

(2) 添加 scoreSave()函数,将学生成绩保存到文件中。当选择"9——保存并退出"菜单项时,将调用该函数,实现将内存中的信息保存到 stuScore.txt 中。

1. 重新设计 main()函数

添加管理员的菜单项"9——保存并退出"。

```c
int main()
{
    while(subFlag)
    {
        ...
        printf("\t\t     8——成绩排序\n");
        printf("\t\t     9——保存并退出\n");
        printf("\t\t     0——退出\n");
        ...
    }
    switch(subSelect)
    { ...
        case 9:
            scoreSave(head);
            subFlag = 0;
            mFlag = 0;
            break;
        ...
    }
}
```

2．添加 saveScore（）函数

由第 5 章可知，学生成绩信息保存在单链表中，链表头为 head。本函数的功能是读取链表中的每一个节点的成绩信息，逐一保存到 stuScore 文件中。为了 stuScore.txt 的可阅读性，方便查阅学生的成绩信息，本程序约定一行保存一个学生的信息。

1）函数设计

（1）函数名：saveScore。

（2）函数参数：链表的头节点，STU 类型的指针。

（3）返回值类型：void。

（4）函数原型：

```c
void saveScore(STU * head)
{
    ...
}
```

2）函数实现

```c
void saveScore(STU * head)
{
    char ss;
    getchar();
    printf("将学生信息保存到 stuScore.txt:(Y/N)");
    scanf(" %c",&ss);
    if(ss == 'y' || ss == 'Y')
    {
        FILE * fp;
```

```
            fp = fopen("stuScore.txt","w+");
            if(fp == NULL)
            {
                printf("can't open file stuScore.txt\n");
                return;
            }
            STU *p = head;
            while(p!= NULL)
            {
                fprintf(fp,"%s %s %d\n",p->stuId,p->stuName,p->cScore);
                p = p->next;
            }
            printf("正在写入文件请等待\n");
            printf("保存成功\n");
            fclose(fp);
        }
        else
        {
            printf("放弃保存\n");
            return;
        }
    }
```

3）函数调用

```
int main()
{
    ...
        case 9:
            scoreSave(head);
            subFlag = 0;
            mFlag = 0;
            break;
    ...
}
```

6.1.5 将结构体数组信息存储到文件中

【任务描述】 假设学生成绩管理系统学生成绩信息采用结构体数组进行存储，结构体定义如下。

```
struct STU
{
    char stuId[8];
    char stuName[20];
    int cScore;
};
```

重新设计 saveScore()函数,将内存中的学生成绩信息写入文件。

【任务分析】

(1) 确定函数名:saveScore。
(2) 确定函数参数类型和传值方式:STU 类型的数组。
(3) 确定函数返回值类型:void。
(4) 确定函数算法:从数组下标 0 开始,直到所有学生信息都写入文件,退出循环。

【实施代码】

```c
#include<stdio.h>
#include<string.h>
void saveScore(STU s[])
{
    char ss;
    int i;
    getchar();
    printf("将学生信息保存到 stuScore.txt:(Y/N)");
    scanf("%c",&ss);
    if(ss=='y'||ss=='Y')
    {
        FILE *fp;
        fp=fopen("stuScore.txt","w+");
        if(fp==NULL)
        {
            printf("can't open file stuScore.txt\n");
            return;
        }
        for(i=0;i<length;i++)
        {
            fprintf(fp,"%s %s %d\n",s[i].stuId,s[i].stuName,s[i].cScore);
        }
        printf("正在写入文件请等待\n");
        printf("保存成功\n");
    }
    else
    {
        printf("放弃保存\n");
        return;
    }
}
```

任务6.2 从文件读取学生信息

任务描述与分析

在任务 6.1 中,把班级同学的成绩信息(姓名、学号、成绩)都保存在文件 stuScore.txt 中。通过任务实施,我们发现,不仅要把学生信息保存起来,还需要在必要的情况下,从 stuScore.txt 文件中读入学生信息,以便进行统计、查询操作。

为了从文件 stuScore.txt 文件中读入学生信息,周老师给大家介绍了读文件的相关操作以及文件定位等相关知识。

 相关知识与技能

6.2.1 文件格式化输入函数

文件格式化输出函数为 fscanf()。

格式:int fscanf(FILE * fp,const char * format,…)。

功能:按指定格式对文件进行输入操作。

例如:

fscanf(fp,"%d,%f",&i,&t);

功能:读入文件的信息到变量 i、t 中。

【例 6-2】 从文件读取信息并输出。

```
#include <stdio.h>
int main()
{
    char  name[80];
    int id;
    FILE *fp;
    if((fp = fopen("test","r")) == NULL)
    {
        printf("can't open file\n");
        return;
    }
    fscanf(fp,"%s%d",name,&id);      //读取文件信息
    printf("%s %d",id,name);
    fclose(fp);
    getchar();
    getchar();
    return 0;
}
```

以上程序打开 test 文件,将文件第一行的内容读入变量 name、id 中,并显示出来。

6.2.2 文件定位

1. 相关概念

(1) 文件位置指针:指向文件当前读写位置的指针。

(2) 读写方式。

① 顺序读写——每次均以上次读出或写入后的下一位置作为本次读或写的起点。

② 随机读写——位置指针按需要移动到任意位置。

2. rewind()函数

格式：void rewind(FILE * fp)。

功能：重置文件位置指针到文件开头。

返回值：无。

3. fseek()函数

格式：int fseek(FILE * fp,long offset,int whence)。

功能：改变文件位置指针的位置。

返回值：成功,返回 0；失败,返回非 0。

参数：whence 值如表 6-2 所示。

表 6-2 文件位置

起始点	常　　量	值
文件开始	SEEK_SET	0
文件当前位置	SEEK_CUR	1
文件末尾	SEEK_END	2

例如：

```
fseek(fp,100,0);
fseek(fp,50,1);
fseek(fp,-10,2);
```

4. ftell()函数

格式：long ftell(FILE * fp)。

功能：返回文件位置指针当前位置(用相对文件开头的位移量表示)。

返值：成功返回当前指针位置；失败返回-1。

任务实施

6.2.3　从文件读取学生成绩

具备了以上的理论知识,我们就可以重构学生成绩管理系统,添加读文件的功能。具体步骤如下。

(1) 重构 main()函数。

（2）添加 readScore()函数,将 stuScore.txt 文件逐行读入,每个学生的信息保存在一个链表的节点中。

1. 重构 main()函数

学生成绩管理系统启动后,需要从 stuScore.txt 读入学生的信息,并创建一个学生信息链表,为了达到以上目的,需要在 main()函数中,添加对 readScore()函数的调用。

```
int main()
{
    struct STU * head = NULL;
    char sId[8];
    int mFlag = 1,mSelect;
    int subFlag,subSelect;
    readScore(&head);
    ...
}
```

2. 添加 readScore()函数

1) 功能描述

此函数从 stuScore.txt 文件开头开始逐行读入学生的信息,直到文件尾。在该函数中,将读入的学生信息,保存在链表节点中,内存中采用链表存储结构存储学生的信息。

2) 函数设计

（1）函数名：readScore。

（2）函数参数：指向 STU 类型结构体的二级指针变量,指向链表头节点的地址的指针。

（3）返回值类型：void。

（4）函数原型：

```
void readScore(STU ** head);
```

3) 函数实现

```
void readScore(STU ** head)
{
    int flag = 1;
    int i;
    char ch;
    int line = 0;
    FILE * fp;
    fp = fopen("stuScore.txt","r + ");
    if(fp == NULL)
    {
        printf("can't open file stuScore.txt\n");
        return;
    }
    while(!feof(fp))
```

```
        {
            if((ch = fgetc(fp)) == '\n')
                line++;
        }
        i = 0;
        fseek(fp,0,0);
        while(i < line)
        {
            STU * s = (STU * )malloc(sizeof(STU));
            memset(s,sizeof(STU),0);
            fscanf(fp,"%s%s%d",&s -> stuId,&s -> stuName,&(s -> cScore));
            s -> next = * head;
            * head = s;
            i++;
        }
        fclose(fp);
}
```

4）函数调用

```
int main()
{
    struct STU * head = NULL;
    char sId[8];
    int mFlag = 1,mSelect;
    int subFlag,subSelect;
    readScore(&head);
    ...
}
```

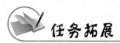

6.2.4 读取文件信息到双向链表

【任务描述】 假设学生成绩管理系统采用双向链表结构存储学生信息，结构体定义如下。

```
struct STU
{
    char stuId[8];
    char stuName[20];
    int cScore;
    struct STU * next;
    strcut STU * prev;
};
```

【任务分析】

现重新设计 readScore()函数，将 stuScore.txt 中的学生成绩信息逐行读入并保存到双向链表中。

(1) 确定函数名：readScore。

(2) 确定函数参数类型和传值方式：指向链表头节点的二级指针,指向 STU 类型结构体的地址的指针。

(3) 确定函数返回值类型：void；

(4) 确定函数算法：读取一行,创建新节点,给相应的变量赋值,并将新节点插入链表中,直到文件尾退出循环。

【实施代码】

```c
#include <stdio.h>
#include <string.h>
#include <stdlib.h>
void readScore(STU ** head)
{
    int flag = 1;
    int i;

    char ch;
    int line = 0;
    FILE * fp;
    fp = fopen("stuScore.txt","r+");
    if(fp == NULL)
    {
        printf("can't open file stuScore.txt\n");
        return;
    }
    while(!feof(fp))
    {
        if((ch = fgetc(fp)) == '\n')
            line++;
    }
    i = 0;
    fseek(fp,0,0);
    while(i < line)
    {
        STU * s = (STU *)malloc(sizeof(STU));
        memset(s,sizeof(STU),0);
        fscanf(fp,"%s%s%d",&s->stuId,&s->stuName,&(s->cScore));
        if(head!= NULL)
        {
            head->prev = s;
        }
        s->next = *head;
        *head = s;
        i++;
    }
    fclose(fp);
}
```

6.2.5 寻宝游戏恢复

【任务描述】 在 5.2.5 小节的寻宝游戏中,每次游戏运行的时候都要初始化,无法从上次玩的地方继续玩。请重新优化程序,利用文件保存游戏初始化信息,游戏过程中从文件读取游戏数据,退出游戏的时候把当前关卡保存到文件中。

【任务分析】 在此任务中定义两个函数 readGame() 和 saveGame(),分别用来读取和写入游戏数据。saveGame() 函数用来保存游戏数据,通过 wilie 循环遍历链表将游戏关卡名称、问题、答案、金币数量写到 TXT 格式的文件中,每一个游戏关卡都保存为一行数据。

readGame() 函数和 initGame() 函数的功能基本相同,是用来初始化游戏数据的,不同之处在于 initGame() 是通过键盘输入游戏数据的,readGame() 是从文件读取游戏数据。读取游戏数据时先统计一下游戏的关卡数,因为一行就是一个关卡,所以只要统计文件的行数就可以得出游戏关卡数,再循环读取每一关卡的数据。

最后在主函数 main() 中添加两个菜单项,并根据用户选择调用相应的函数保存游戏和读取游戏数据。

【实施代码】

```c
#include <stdio.h>
#include <malloc.h>
#include <string.h>
typedef struct game {
    char name[200];
    char question[200];
    char answer[200];
    game * next;
    int gold;
}GAME;
GAME * head;

void saveGame()                //保存游戏信息到文件
{
    FILE * fp;
    fp = fopen("game.txt", "w+");
    if (fp == NULL)
    {
        printf("不能打开文件 game.txt\n");
        return;
    }
    GAME * p = head;
    while (p)
    {
        fprintf(fp, "%s %s %s %d\n", p->name, p->question, p->answer, p->gold);
```

```c
            p = p->next;
        }
        fclose(fp);
        printf("游戏保存成功\n");
}
void readGame()              //从文件读取游戏信息
{
        int line = 0;
        int i;
        char ch;
        GAME * g;
        GAME * p;
        FILE * fp;
        fp = fopen("game.txt", "r+");
        if (fp == NULL)
        {
            printf("不能打开文件 game.txt\n");
            return;
        }
        while (!feof(fp))
        {
            if ((ch = fgetc(fp)) == '\n')
                line++;
        }
        i = 0;
        head = NULL;
        fseek(fp, 0, 0);
        while (i < line)
        {
            g = (GAME *)malloc(sizeof(GAME));
            fscanf(fp, "%s %s %s %d", &g->name, &g->question, &g->answer, &g->gold);
            g->next = NULL;
            if (head)
            {
                p->next = g;
                p = p->next;
            }
            else
            {
                head = g;
                p = head;
            }
            i++;
        }
        fclose(fp);
        printf("游戏读取成功\n");
}
```

```
int main()                         //主函数
{
    …
    while (flag)
    {
        …
        printf("\t\t   3——保存游戏\n");
        printf("\t\t   4——读取游戏\n");
        …
        else if (select == 3)
        {
            saveGame();
        }
        else if (select == 4)
        {
            readGame();
        }
        …
    }
    …
}
```

本 章 小 结

本章主要的任务是使用文件对学生成绩管理系统进行了重构,将学生信息存储到文件中,从而实现了数据的永久保存。

(1) 文件是在内存以外的设备上以某种形式组织的数据集合,可以按文件名来存取其中的数据。文件操作的步骤是:打开文件→文件读/写→关闭文件。

(2) 文件在使用前,要使用 fopen()打开。在进行文件读/写前首先要检查文件指针是否为空,防止对空指针进行操作。当文件使用结束后,调用 fclose()函数关闭文件,释放内存。

(3) 文件读/写可以以字符、字符串、数据块为单位进行,文件也可按指定的格式进行读/写。

(4) 通过文件对项目再次重构,优化项目功能,可以进一步培养学生精益求精的工匠精神。

(5) 通过任务功能优化和任务拓展,提高学生专业技能,培养学生的学习自信,增强学习成就感。

(6) 通过强调文件读写的安全性原则,对学生进行软件开发安全教育,增强学生程序设计安全意识、版权意识和知识产权意识。

(7) 进一步引导学生线上线下混合式学习,提供分层分类教学资源设计,可以满足学生个性化学习需要。

能 力 评 估

1. 新建 source.c、target.c 两个文件,其中 target.c 是一个空文件,source.c 的内容如下。

```
void SearchByNo(STU s[],char sId[])
{
    int i,index = -1;
    for(i = 0;i < length;i++)
    {
        if(strcmp(s[i].stuId,sId) == 0)
            index = i;
    }
    if(index == -1)
    {
        printf("对不起,该生不存在!\n");
    }
    else
    {
        printf("stuid:    %s\n",s[index].stuId);
        printf("stuname:  %s\n",s[index].stuName);
        printf("cScore: %d\n",s[index].cScore);
    }
}
```

编写程序实现将 source.c 的内容复制到 target.c 文件中。

2. 新建一个文件 statistic.txt,内容为"I am student of Jingyin Polytechnic College"。编写程序统计 statistic.txt 中大写字母的个数。

实 战 篇
企业员工管理系统

随着信息技术的发展,企业管理也面临数字化转型。其中,对企业员工进行智能化管理也日渐普及。本篇引入"企业员工管理系统"项目进行项目实战,从而锻炼并提高学生的专业能力和实践能力。在项目实践的过程中,遵循软件开发流程,开发团队合作完成项目需求分析和设计、详细设计、编码、测试等环节,最终完成企业员工管理系统,提高企业管理效率、增加企业生产力。

第7章 企业员工管理系统项目需求分析和设计

本章主要采用软件工程的思想完成项目的需求分析和设计。

工作任务

- 任务7.1 需求分析
- 任务7.2 总体设计

学习目标

知识目标
(1) 掌握软件工程的相关知识。
(2) 掌握软件开发流程。
(3) 掌握项目的需求分析和设计流程。

能力目标
(1) 能够独立完成项目的需求分析和设计。
(2) 能够具备完成项目开发的实践能力。

素质目标
(1) 进一步提高学生的专业实践能力和职业素养。
(2) 进一步提高学生的沟通交流能力和团队协作精神。
(3) 进一步提高学生的劳动精神。

任务7.1 需求分析

任务描述与分析

爱家房产是某市一家房产中介公司,提供新房、二手房的中介、买卖咨询服务。随着公司业务的拓展、规模越来越大,传统的手动员工管理变得越来越烦琐,急需开发一款员工管理系统,可以提供员工通信录管理、考勤管理和薪资管理等功能。通过校企合作,由爱思科技公司负责完成该项目的开发。接下来,爱思科技公司与爱家房产充分沟通项目需求,并完成需求分析。

企业员工管理系统由哪些用户使用?这些用户又能实施哪些操作呢?通过分析确定各类用户功能,并进行需求描述与评估。这一系列的活动构成软件开发流程的需求分析阶段。需求分析是一个非常重要的过程,它完成的好坏直接影响后续软件开发的质量。

因此，在本任务中，项目组反复认真地去企业调研企业的需求，逐步明晰企业员工管理的工作流程，明确系统的功能需求。在此基础上，根据软件工程的思想，给出项目的需求规格说明书。

企业员工管理系统主要包含 3 大模块：通信录管理、考勤管理、薪资管理，系统总体功能模块图如图 7-1 所示。

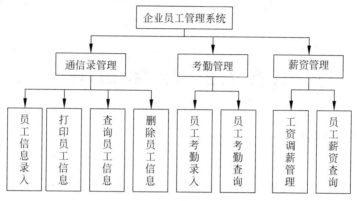

图 7-1　系统总体功能模块图

企业员工管理系统中共有两种用户角色：管理员和普通用户。

管理员的功能需求为：能够录入员工信息、删除员工、浏览员工信息、录入员工考勤信息、员工工资调薪。管理员用例图如图 7-2 所示。

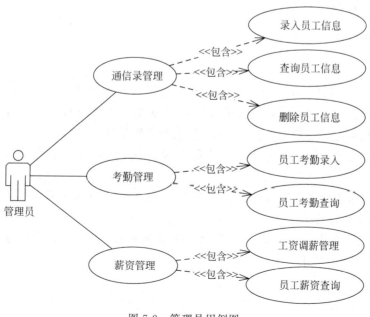

图 7-2　管理员用例图

普通用户的功能需求为：能够查询考勤信息、工资信息。普通用户用例图如图 7-3 所示。

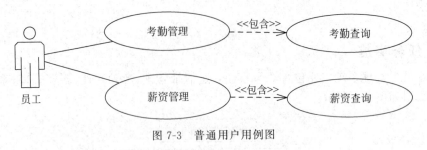

图 7-3 普通用户用例图

任务 7.2 总体设计

 任务描述与分析

任务 7.1 中，已经完成了企业员工管理系统的需求分析，接下来并不是马上编写代码，而是要把软件系统的界面设计和功能模块设计等要素确定下来。软件设计过程是对程序结构、数据结构和过程细节逐步求精、复审并编制文档的过程。

本任务对企业员工管理系统的总体设计思路进行梳理和分析，使我们对项目有一个较为整体的认识。本任务中要完成概要设计和详细设计。

 **任务实施**

1. 概要设计

1）数据库设计

SQLite 数据库是一种轻量级的数据库，非常适合移动端开发，在一些小型的软件中使用比较广泛。本项目使用 C 语言进行开发，数据量并不大，因此非常适合使用 SQLite 数据库。项目中需要用到 2 个表：员工信息表和考勤信息表。

员工信息表包含的字段有：编号、姓名、性别、出生年月、联系电话、地址、部门、岗位、薪资。

考勤信息表包含的字段有：编号、员工编号、员工性别、考勤日期。

2）数据结构设计

企业员工管理系统中包含员工、考勤两个实体对象，在 C 语言中对应为结构体，员工、考勤结构体设计如下。

```
typedef struct Employee{
    int id;
    char name[10];
    char sex[10];
```

```
        char birthday[20];
        char phone[20];
        char address[50];
        char department[20];
        char post[10];
        int salary;
        struct Employee * next;

}Employee;
typedef struct Record{
        int id;
        int userid;
        char name[10];
        char date[20];
        struct Record * next;

}Record;
```

3) 软件系统界面

软件系统一般有基于控制台的应用、基于窗体的应用和基于 Web 的应用,本项目开发的是 Windows Console Application,所以界面是输出在 Windows 控制台上的,具体设计如图 7-4 所示。

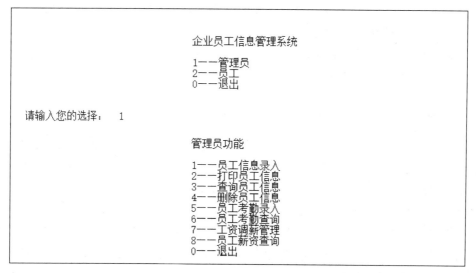

图 7-4 界面设计

2. 详细设计

1) 数据库设计

企业员工管理系统中有 2 个表,分别是员工信息表和考勤信息表,表的结构如表 7-1 和表 7-2 所示。

表 7-1 员工信息表

序号	列名	数据类型	自动编号	主键	允许空	说明
1	id	integer	√	√		员工编号
2	name	text				姓名
3	sex	text				性别
4	birthday	text			√	出生年月
5	phone	text			√	电话
6	address	text			√	地址
7	department	text			√	部门
8	post	text			√	岗位
9	salary	integer				薪资

表 7-2 考勤信息表

序号	列名	数据类型	自动编号	主键	允许空	说明
1	id	integer	√	√		编号
2	userid	integer				用户编号
3	name	text				姓名
4	date	datetime				日期

2) 函数设计

企业员工管理系统主要采用模块化程序设计的方法实现,即将各功能抽取成自定义的函数,并在菜单中调用这些函数,实现各项功能。

通信录模块中数据库相关操作包含员工信息录入、员工信息查询、删除员工信息、获取所有员工信息等,各项功能的函数原型如表 7-3 所示。

表 7-3 通信录模块函数设计

功能	函数原型	参数列表	返回值
插入员工信息	int insertEmployee(Employee * employee)	员工信息	插入结果
删除员工信息	int deleteEmployee(char * name)	员工姓名	删除结果
更新员工信息	int updateEmployee(Employee * employee)	员工信息	更新结果
获取所有员工信息	Employee * getAllEmployee()	无	Employee 类型的链表

考勤管理模块中数据库相关操作包含员工考勤信息录入、考勤信息查询等,各项功能的函数原型如表 7-4 所示。

表 7-4 考勤管理模块函数设计

功能	函数原型	参数列表	返回值
插入考勤信息	int insertRecord(Record * record)	考勤信息	插入结果
查询考勤信息	Record * getRecord(char * name)	姓名	考勤信息
查询考勤信息	Record * getRecordByDate(char * name,char * date)	姓名,日期	考勤信息

薪资管理模块中数据库的相关操作包含员工薪资调整、员工薪资查询等,各项功能的函数原型如表 7-5 所示。

表 7-5 薪资管理模块函数设计

功　　能	函 数 原 型	参数列表	返回值
薪资调整	int updateSalary(char * name,int salary)	姓名,薪资	更新结果
薪资查询	int getSalary(char * name)	姓名	薪资信息

数据库访问模块包含连接数据库、关闭数据库、创建数据库表结构等功能,各项功能的函数原型如表 7-6 所示。

表 7-6 数据库访问共用库函数设计

功　　能	函 数 原 型	参数列表	返 回 值
连接数据库	int connectDb()	无	连接数据库结果
关闭数据库	void closeDb()	无	无
创建数据库表结构	void createTable()	无	无

菜单管理模块包含员工信息录入、打印所有员工信息、查询员工信息、删除员工信息、考勤信息录入、查询考勤信息、薪资查询、薪资调整等,各项功能的函数原型如表 7-7 所示。

表 7-7 菜单管理

功　　能	函 数 原 型	参数列表	返回值
员工信息录入	void addEmployee()	无	无
打印所有员工信息	void searchAllEmployee()	无	无
查询员工信息	void searchEmployee()	无	无
删除员工信息	void removeEmployee()	无	无
考勤信息录入	void addRecord()	无	无
查询考勤信息	void searchRecord()	无	无
薪资查询	void searchSalary()	无	无
薪资调整	void adjustSalary()	无	无

本 章 小 结

本章主要按照软件工程的思想完成了企业员工管埋系统的需求分析和设计。通过任务的实施,我们进一步熟悉了软件工程的概念和开发流程,掌握了如何进行需求分析和系统设计。

在需求分析阶段,我们通过与需求方的反复沟通交流,画出了软件总体功能模块图和用例图,明确了系统的用户角色和功能。

在系统设计阶段,我们完成了数据库的概要设计和详细设计,明确了整个系统的界面展示效果,并设计了各功能对应的 C 语言函数,进一步增强了对系统功能的了解和软件设计的能力。

第8章 企业员工管理系统项目功能开发与实现

通过对企业员工管理系统进行项目需求分析,项目组基本明确了用户需求和项目的功能模块。根据项目整体功能图,项目功能包括:通信录管理、考勤管理,薪资管理三大模块。接下来按照模块开始逐步实现该项目。本章详细讲述了实现该项目的步骤和过程。

工作任务

- 任务 8.1 公用函数库
- 任务 8.2 通信录管理
- 任务 8.3 考勤管理
- 任务 8.4 薪资管理
- 任务 8.5 交互界面

学习目标

知识目标
(1) 熟练掌握模块化的编程思路。
(2) 熟练掌握 C 语言所有知识点。
(3) 熟练掌握软件工程项目开发流程。

能力目标
(1) 能够使用 C 语言和 SQLite 数据库知识完成项目开发,进一步提高专业实践能力。
(2) 能够自主查阅资料,提高分析问题和解决问题的能力。

素质目标
(1) 进一步提高学生的专业实践能力和职业素养。
(2) 进一步提高学生的自主学习能力,培养学生的团队协作精神。
(3) 进一步提高学生的劳动精神。

任务8.1 公用函数库

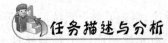

企业员工管理系统中的员工信息、考勤信息、薪资信息都是保存在 SQLite 数据库中的,项目中涉及数据库的初始化、表结构的创建,以及大量的数据库的读/写操作,每次数

据库的读/写必然要先打开数据库连接,读/写完成后还要关闭数据库连接,释放资源。为了模块化编程,避免代码重复,提高编程效率,有必要把涉及的数据库操作公用代码进行封装。

任务实施

为了能够对 SQLite 数据库进行操作,需要下载 SQLite 的 C 语言库,并把 sqlite3.h 和 sqlite3.c 两个文件添加到项目中。为了方便对数据库进行读写,我们将数据库操作相关代码封装在了 dbutil.h 和 dbutil.c 中。dbutil.h 是头文件,声明了全局的 sqlite3 * db 以及打开数据库连接和关闭数据库连接的函数,代码如下。

```
#include "sqlite3.h"
sqlite3 * db;
int connectDb();
void closeDb();
void createTable();
```

dbutil.c 是 c 源码文件,是函数的具体实现。

1. connectDb()函数

1) 功能描述

此函数用于打开 SQLite 数据库连接,无需参数,打开连接成功返回 1,否则返回 0。

2) 函数设计

(1) 函数名:connectDb。

(2) 函数参数:无。

(3) 返回值类型:int。

(4) 函数原型:int connectDb()。

3) 函数实现

```
int connectDb()
{
    int ret = sqlite3_open("employee.db", &db);
    if(ret != SQLITE_OK)
    {
        printf("数据库连接失败!\n");
    }
    return ret;
}
```

2. closeDb()函数

1) 功能描述

此函数用于关闭 SQLite 数据库连接,无需参数,无返回值。

2) 函数设计

(1) 函数名：closeDb。

(2) 函数参数：无。

(3) 返回值类型：void。

(4) 函数原型：int closeDb()。

3) 函数实现

```
void closeDb()
{
    sqlite3_close(db);
}
```

3. createTable()函数

1) 功能描述

此函数用于初始化数据库，创建员工信息表和考勤信息表，没有参数，没有返回值。

2) 函数设计

(1) 函数名：createTable。

(2) 函数参数：无。

(3) 返回值类型：void。

(4) 函数原型：void createTable()。

3) 函数实现

```
void createTable()
{
    char *createSql = "create table if not exists employee(
        id integer primary key autoincrement, name text,sex text,birthday text,
        phone text,address text,department text,post text,salary integer);";
    char *createSql2 = "create table if not exists record(
        id integer primary key autoincrement, userid integer, name text,date text);";
    int ret = connectDb();
    if(ret == SQLITE_OK)
    {
        sqlite3_exec(db, createSql, NULL, NULL, 0);
        sqlite3_exec(db, createSql2, NULL, NULL, 0);
    }
    closeDb();
}
```

任务8.2 通信录管理

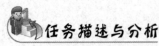
任务描述与分析

随着公司的发展，公司规模越来越大，对员工的管理越来越困难，员工通信录的管理就是为了解决这个痛点。通过通信录可以迅速找到某个员工信息,为公司的决策提供支撑。通信录管理包括录入员工信息、删除员工信息、打印所有员工信息、查找员工信息等。员工信息保存在 SQLite 数据库的 employee 表中,因此通信录管理的相关操作其实就是对 employee 表的读/写操作。

员工信息的操作函数都封装在 employee.h 和 employee.c 中。employee.h 是头文件,包含员工信息结构体的声明和员工相关操作函数声明,代码如下。

```
typedef struct Employee
{
    int id;
    char name[10];
    char sex[10];
    char birthday[20];
    char phone[20];
    char address[50];
    char department[20];
    char post[10];
    int salary;
    struct Employee * next;
}Employee;
int insertEmployee(Employee * employee);
int deleteEmployee(char * name);
int updateEmployee(Employee * employee);
Employee * getAllEmployee();
Employee * getEmployee(char * name);
```

employee.c 是 C 程序源代码文件,是函数的具体实现,要包含 dbutil.h 头文件。

1. insertEmployee()函数

1)功能描述

此函数用于向数据库中插入员工信息,因此参数是一个指向 Employee 结构体的指针,插入成功返回 1,否则返回 0。

2)函数设计

(1)函数名:insertEmployee。

(2)函数参数:Employee 类型的指针。

(3)返回值类型:int。

(4)函数原型:int insertEmployee(Employee * employee)。

3)函数实现

```
int insertEmployee(Employee * employee)
{
    char sql[255] = {0};
```

```
    int ret = 0;
    printf(sql, "INSERT INTO
        employee(name,sex,birthday,phone,address,department,post,salary)
        values('%s','%s','%s','%s','%s','%s','%s',%d)",
        employee->name,employee->sex,employee->birthday,employee->phone,
        employee->address,employee->department,employee->post,employee->salary);
    ret = connectDb();
    if(ret == SQLITE_OK){
        ret = sqlite3_exec(db, sql, NULL, NULL, 0);
    }
    closeDb();
    return ret;
}
```

2. deleteEmployee()函数

1) 功能描述

此函数用于从数据库中删除员工信息,因此参数是员工的姓名,删除成功返回1,否则返回0。

2) 函数设计

(1) 函数名:deleteEmployee。

(2) 函数参数:char 类型的指针。

(3) 返回值类型:int。

(4) 函数原型:int deleteEmployee(char * name)。

3) 函数实现

```
int deleteEmployee(char * name)
{
    char sql[255] = {0};
    int ret = 0;
    sprintf(sql, "delete from employee where name = '%s'",name);
    ret = connectDb();
    if(ret == SQLITE_OK)
    {
        ret = sqlite3_exec(db, sql, NULL, NULL, 0);
    }
    closeDb();
    return ret;
}
```

3. updateEmployee()函数

1) 功能描述

此函数的功能用于更新数据库中的员工信息,因此参数是一个指向 Employee 结构体的指针,更新成功返回1,否则返回0。

2) 函数设计

(1) 函数名:updateEmployee。

（2）函数参数：Employee 类型的指针。
（3）返回值类型：int。
（4）函数原型：int updateEmployee(Employee * employee)。
3）函数实现

```
int updateEmployee(Employee * employee)
{
    char sql[255] = {0};
    int ret = 0;
    sprintf(sql, "update employee set
    name = '%s',sex = '%s',birthday = '%s',phone = '%s',address = '%s',department = '%s',
        post = '%s',salary = %d where id = %d",
            employee -> name, employee -> sex, employee -> birthday, employee -> phone,
            employee -> address, employee -> department, employee -> post,
            employee -> salary, employee -> id);
    ret = connectDb();
    if(ret == SQLITE_OK)
    {
        ret = sqlite3_exec(db, sql, NULL, NULL, 0);
    }
    closeDb();
    return ret;
}
```

4. getAllEmployee()函数

1）功能描述

此函数用于查询数据库中的所有员工信息，该函数无需参数，返回值为指向 Employee 类型的指针，是一个链表。

2）函数设计

（1）函数名：getAllEmployee。
（2）函数参数：Employee 类型的指针。
（3）返回值类型：int。
（4）函数原型：Employee * getAllEmployee()。

3）函数实现

```
Employee * getAllEmployee()
{
    char * sql = "select * from employee";
    int row = 0, column = 0;
    char ** result;
    char * zErrMsg = 0;
    int i, ret;
    Employee * head = NULL;
    Employee * employee = NULL;
    ret = connectDb();
```

```c
        if(ret == SQLITE_OK)
        {
            sqlite3_get_table(db,sql,&result,&row,&column,&zErrMsg);
            if(row > 0)
            {
                for(i = 1;i < row + 1;i++)
                {
                    employee = (Employee * )malloc(sizeof(Employee));
                    employee -> id = atoi(result[i * column + 0]);
                    strcpy(employee -> name,result[i * column + 1]);
                    strcpy(employee -> sex,result[i * column + 2]);
                    strcpy(employee -> birthday,result[i * column + 3]);
                    strcpy(employee -> birthday,result[i * column + 3]);
                    strcpy(employee -> birthday,result[i * column + 3]);
                    strcpy(employee -> phone,result[i * column + 4]);
                    strcpy(employee -> address,result[i * column + 5]);
                    strcpy(employee -> department,result[i * column + 6]);
                    strcpy(employee -> post,result[i * column + 7]);
                    employee -> salary = atoi(result[i * column + 8]);
                    employee -> next = head;
                    head = employee;
                }
            }
            sqlite3_free_table(result);
        }
        closeDb();
        return head;
    }
```

5. getEmployee()函数

1) 功能描述

此函数用于查询数据库中的某个员工信息,因此参数是员工姓名,返回值为指向 Employee 类型指针。

2) 函数设计

(1) 函数名:getEmployee。

(2) 函数参数:char 类型的指针。

(3) 返回值类型:Employee *。

(4) 函数原型:Employee * getEmployee(char * name)。

3) 函数实现

```c
Employee * getEmployee(char * name)
{
    char sql[200] = {0};
    int row = 0,column = 0;
    char ** result;
```

```c
    char * zErrMsg = 0;
    int i, ret;
    Employee * employee = NULL;
    sprintf(sql, "select * from employee where name = '%s'", name);
    ret = connectDb();
    if(ret == SQLITE_OK){
        sqlite3_get_table(db, sql, &result, &row, &column, &zErrMsg);
        if(row > 0)
        {
            employee = (Employee * )malloc(sizeof(Employee));
            employee->id = atoi(result[column + 0]);
            strcpy(employee->name, result[column + 1]);
            strcpy(employee->sex, result[column + 2]);
            strcpy(employee->birthday, result[column + 3]);
            strcpy(employee->phone, result[column + 4]);
            strcpy(employee->address, result[column + 5]);
            strcpy(employee->department, result[column + 6]);
            strcpy(employee->post, result[column + 7]);
            employee->salary  = atoi(result[column + 8]);
        }
        sqlite3_free_table(result);
    }
    closeDb();
    return employee;
}
```

任务8.3 考 勤 管 理

任务描述与分析

对于企业来说,员工考勤是必不可少的。每天大量的员工考勤信息需要记录,传统的人工考勤耗费大量的人力物力,效率低下,管理起来非常麻烦。本任务实现考勤管理功能,将员工考勤信息保存在SQLite数据库中,以方便查询。

任务实施

员工考勤的操作都封装在record.h和record.c中。record.h是头文件,包含考勤信息结构体的声明和考勤相关操作函数声明,代码如下。

```c
typedef struct Record
{
    int id;
    int userid;
    char name[10];
    char date[20];
```

```
    struct Record * next;
}Record;
int insertRecord(Record * record);
Record * getRecord(char * name);
Record * getRecordByDate(char * name,char * date);
```

record.c 是 C 源代码文件,是函数的具体实现,要包含 dbutil.h 头文件。

1. insertRecord()函数

1)功能描述

此函数用于向数据库中插入考勤信息,因此参数是一个指向 Record 结构体的指针,插入成功返回 1,否则返回 0。

2)函数设计

(1)函数名:insertRecord。

(2)函数参数:Record 类型的指针。

(3)返回值类型:int。

(4)函数原型:int insertRecord(Record * record)。

3)函数实现

```c
int insertRecord(Record * record)
{
    char insertSql[255] = {0};
    int ret = 0;
    char userid[10] = {0};
    itoa(record->userid,userid,10);
    strcat(insertSql,"INSERT INTO record(userid,name,date) values(");
    strcat(insertSql,userid);
    strcat(insertSql,",'");
    strcat(insertSql,record->name);
    strcat(insertSql,"','");
    strcat(insertSql,record->date);
    strcat(insertSql,"')");
    ret = connectDb();
    if(ret == SQLITE_OK){
        ret = sqlite3_exec(db, insertSql, NULL, NULL, 0);
    }
    closeDb();
    return ret;
}
```

2. getRecord()函数

1)功能描述

此函数用于查询公司某员工的所有考勤信息,因此参数是员工的姓名,返回值是指向 Record 结构体的指针,是一个链表。

2）函数设计

（1）函数名：getRecord。

（2）函数参数：char 类型的指针。

（3）返回值类型：Record 类型的指针。

（4）函数原型：Record * getRecord(char * name)。

3）函数实现

```
Record * getRecord(char * name)
{
    char sql[200] = {0};
    int row = 0,column = 0;
    char ** result;
    char * zErrMsg = 0;
    int i ,ret ;
    Record * head = NULL;
    Record * record = NULL;
    sprintf(sql, "select * from record where name = '%s'",name);
    ret = connectDb();
    if(ret == SQLITE_OK){
        sqlite3_get_table(db,sql,&result,&row,&column,&zErrMsg);
        if(row > 0)
        {
            for(i = 1;i< row + 1;i++)
            {
                record = (Record * )malloc(sizeof(Record));
                record->id = atoi(result[i*column + 0]);
                record->userid = atoi(result[i*column + 1]);
                strcpy(record->name,result[i*column + 2]);
                strcpy(record->date,result[i*column + 3]);
                record->next = head;
                head = record;

            }
        }
        sqlite3_free_table(result);
    }
    closeDb();
    return head;
}
```

3. getRecordByDate()函数

1）功能描述

此函数用于查询公司某员工某日的考勤信息，因此参数是员工的姓名和日期，返回值是指向 Record 结构体的指针，如果没有考勤信息则为 NULL。

2）函数设计

（1）函数名：getRecordByDate。

（2）函数参数：char 类型的指针，char 类型的指针。

(3) 返回值类型:Record 类型的指针。

(4) 函数原型:Record * getRecordByDate(char * name)。

3) 函数实现

```
Record * getRecordByDate(char * name,char * date)
{
    char sql[200] = {0};
    int row = 0,column = 0;
    char ** result;
    char * zErrMsg = 0;
    int i, ret;
    Record * record = NULL;
    sprintf(sql, "select * from record where name = '% s' and date = '% s'",name,date);
    ret = connectDb();
    if(ret == SQLITE_OK){
        sqlite3_get_table(db,sql,&result,&row,&column,&zErrMsg);
        if(row > 0)
        {
            record = (Record * )malloc(sizeof(Record));
            record -> id = atoi(result[column + 0]);
            record -> userid = atoi(result[column + 1]);
            strcpy(record -> name,result[column + 2]);
            strcpy(record -> date,result[column + 3]);
        }
        sqlite3_free_table(result);
    }
    closeDb();
    return record;
}
```

任务8.4　薪　资　管　理

 任务描述与分析

企业员工管理系统中的薪资管理是一个很重要的功能,员工需要查询工资信息,新的一年企业也会根据员工上一年的工作表现做薪资调整。员工的薪资保存在 SQLite 数据库的 employee 表中,因此薪资管理的相关操作其实就是对 employee 表的读/写操作。

 任务实施

员工薪资管理的操作都封装在 salary.h 和 salary.c 中。salary.h 是头文件,包含薪资管理相关操作函数的声明,代码如下。

```
int getSalary(char * name);
int updateSalary(char * name, int salary);
```

salary.c 文件是 C 语言源代码文件,包含了各函数的具体实现,须包含 dbutil.h 头文件。

1. getSalary()函数

1)功能描述

此函数用于查询公司某员工的薪资信息,因此参数是员工的姓名,返回值是整型。

2)函数设计

(1)函数名:getSalary。

(2)函数参数:char 类型的指针。

(3)返回值类型:int。

(4)函数原型:int getSalary(char * name)。

3)函数实现

```c
int getSalary(char * name)
{
    char sql[200] = {0};
    char ** result;
    int salary = 0;
    int row = 0,column = 0;
    char * zErrMsg = 0;
    int i,ret;
    sprintf(sql, "select salary from employee where name = '%s'",name);
    ret = connectDb();
    if(ret == SQLITE_OK){
        sqlite3_get_table(db, sql, &result, &row, &column, &zErrMsg);
        if(row > 0)
        {
            salary = atoi(result[0]);
        }
        sqlite3_free_table(result);
    }
    closeDb();
    return salary;
}
```

2. updateSalary()函数

1)功能描述

此函数用于调整员工的薪资信息,因此有两个参数,一个是 char * 类型的员工姓名,一个是 int 类型的薪资。更新成功返回 1,否则返回 0。

2)函数设计

(1)函数名:updateSalary。

(2)函数参数:char * , int。

(3)返回值类型:int。

(4)函数原型:int updateSalary(char * name, int salary)。

3）函数实现

```
int updateSalary(char * name, int salary)
{
    char sql[255] = {0};
    int ret = 0;
    sprintf(sql, "update employee set salary = %d where name = '%s'", salary,   name);
    ret = connectDb();
    if(ret == SQLITE_OK){
        ret = sqlite3_exec(db, sql, NULL, NULL, 0);
    }
    closeDb();
    return ret;
}
```

任务8.5　交互界面

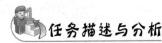任务描述与分析

本项目的用户分为管理员和普通用户，具体实现效果图如图 8-1 所示。系统运行时，首先进入主菜单。

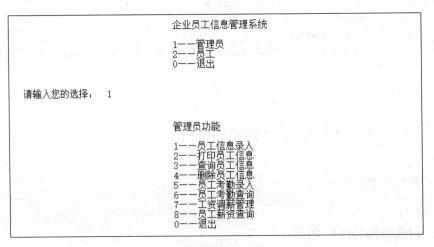

图 8-1　系统交互界面

任务实施

菜单相关的操作都封装在 menu.h 和 menu.c 中，然后在主函数中调用相关的函数完成任务。menu.h 中包含了菜单操作相关函数的声明，代码如下。

```
void addEmployee();
void searchAllEmployee();
void searchEmployee();
```

```
void removeEmployee();
void addRecord();
void searchRecord();
void searchSalary();
void adjustSalary();
```

menu.c 是 C 程序源代码文件,是相关函数的具体实现,必须包含 employee.h、record.h、salary.h 等头文件。

1. addEmployee()函数

1) 功能描述

此函数用于与用户交互,输入员工相关信息,然后插入数据库中,无参数,无返回值。

2) 函数设计

(1) 函数名:addEmployee。

(2) 函数参数:无。

(3) 返回值类型:无。

(4) 函数原型:void addEmployee()。

3) 函数实现

```
void addEmployee()
{
    Employee employee = {0};
    printf("请输入姓名:\n");
    scanf("%s",employee.name);
    printf("请输入性别:\n");
    scanf("%s",employee.sex);
    printf("请输入出生年月:\n");
    scanf("%s",employee.birthday);
    printf("请输入手机号码:\n");
    scanf("%s",employee.phone);
    printf("请输入家庭住址:\n");
    scanf("%s",employee.address);
    printf("请输入部门:\n");
    scanf("%s",employee.department);
    printf("请输入岗位:\n");
    scanf("%s",employee.post);
    printf("请输入薪水(元/月):\n");
    scanf("%d",&employee.salary);
    if(insertEmployee(&employee) == SQLITE_OK)
    {
        printf("员工信息录入成功!\n");
    }
    else
    {
        printf("员工信息录入失败!\n");
    }
}
```

2. searchAllEmployee()函数

1) 功能描述

此函数的功能用于跟用户交互,打印所有员工信息,参数无,返回值无。

2) 函数设计

(1) 函数名:searchAllEmployee。

(2) 函数参数:无。

(3) 返回值类型:无。

(4) 函数原型:void searchAllEmployee()。

3) 函数实现

```
void searchAllEmployee()
{
    Employee * head = getAllEmployee();
    Employee * p = head;
    if(head)
    {
        printf("%-10s %-5s %-15s %-15s %-20s %-20s %-10s %-10s\n",
            "姓名","性别","出生年月","手机号码","住址","部门","岗位","月薪");
        while(p!= NULL)
        {
            printf("%-10s %-5s %-15s %-15s %-20s %-20s %-10s %-10d\n",
                p->name,p->sex,p->birthday,p->phone,p->address,
                p->department,p->post,p->salary);
            p = p->next;
        }
    }
    else
    {
        printf("员工信息不存在!\n");
    }
}
```

3. searchEmployee()函数

1) 功能描述

此函数用于与用户交互,输入员工姓名,从数据库中查询该员工信息然后打印,无参数,无返回值。

2) 函数设计

(1) 函数名:searchEmployee。

(2) 函数参数:无。

(3) 返回值类型:无。

(4) 函数原型:void searchEmployee()。

3) 函数实现

```c
void searchEmployee()
{
    char name[10];
    Employee *p;
    printf("请输入员工姓名:\n");
    scanf("%s",name);
    p = getEmployee(name);
    if(p)
    {
        printf("%-10s %-5s %-15s %-15s %-20s %-20s %-10s %-10s\n",
               "姓名","性别","出生年月","手机号码","住址","部门","岗位","月薪");
        printf("%-10s %-5s %-15s %-15s %-20s %-20s %-10s %-10d\n",
               p->name,p->sex,p->birthday,p->phone,p->address,
               p->department,p->post,p->salary);
    }
    else
    {
        printf("该员工信息不存在!\n");
    }
}
```

4. removeEmployee()函数

1) 功能描述

此函数用于与用户交互,输入员工姓名,从数据库中删除该员工信息,无参数,无返回值。

2) 函数设计

(1) 函数名: removeEmployee。

(2) 函数参数: 无。

(3) 返回值类型: 无。

(4) 函数原型: void removeEmployee()。

3) 函数实现

```c
void removeEmployee()
{
    char name[10];
    Employee *employee;
    printf("请输入员工姓名:\n");
    scanf("%s",name);
    employee = getEmployee(name);
    if(employee)
    {
        if(deleteEmployee(name) == SQLITE_OK)
        {
            printf("员工信息删除成功!\n");
```

```
            }
            else
            {
                printf("员工信息删除失败!\n");
            }
        }
        else
        {
            printf("该员工信息不存在!\n");
        }
    }
```

5. addRecord()函数

1) 功能描述

此函数用于与用户交互,输入员工考勤信息,然后保存到数据库中,无参数,无返回值。

2) 函数设计

(1) 函数名:addRecord。

(2) 函数参数:无。

(3) 返回值类型:无。

(4) 函数原型:void addRecord()。

3) 函数实现

```
void addRecord()
{
    time_t tnow;
    struct tm *ptime;
    char date[20],name[10];
    Employee *employee;
    Record *record;
    printf("请输入员工姓名:\n");
    scanf("%s",name);
    employee = getEmployee(name);
    if(employee)
    {
        //获取当前系统时间
        tnow = time(0);
        ptime = localtime(&tnow);
        sprintf(date,"%4d-%02d-%02d",ptime->tm_year + 1900,
                                ptime->tm_mon + 1, ptime->tm_mday);
        //今日打卡信息
        record = getRecordByDate(employee->name,date);
        if(record)
        {
            printf("该员工今日已打卡,不要重复打卡!\n");
        }
```

```
            else
            {
                Record record = {0};
                record.userid = employee->id;
                strcpy(record.name,employee->name);
                strcpy(record.date,date);
                if(insertRecord(&record) == SQLITE_OK)
                {
                    printf("打卡成功!\n");
                }
                else
                {
                    printf("打卡失败!\n");
                }
            }
        }
        else
        {
            printf("该员工信息不存在!\n");
        }
    }
```

6．searchRecord（）函数

1）功能描述

此函数用于与用户交互，输入员工姓名，从数据库中查询该员工的考勤信息并打印，无参数，无返回值。

2）函数设计

（1）函数名：searchRecord。

（2）函数参数：无。

（3）返回值类型：无。

（4）函数原型：void searchRecord()。

3）函数实现

```
void searchRecord()
{
    char name[10];
    Record *head, *p;
    printf("请输入员工姓名:\n");
    scanf("%s",name);
    head = getRecord(name);
    p = head;
    if(head)
    {
        printf("%-10s %-20s\n","姓名","打卡日期");
        while(p!=NULL)
        {
```

```
            printf("%-10s %-20s\n",p->name,p->date);
            p = p->next;
        }
    }
    else
    {
        printf("打卡信息不存在!\n");
    }
}
```

7. searchSalary()函数

1) 功能描述

此函数用于与用户交互,输入员工姓名,从数据库中查询该员工的薪资信息并输出,无参数,无返回值。

2) 函数设计

(1) 函数名:searchSalary。

(2) 函数参数:无。

(3) 返回值类型:无。

(4) 函数原型:void searchSalary()。

3) 函数实现

```
void searchSalary()
{
    char name[10];
    Employee * employee;
    int salary;
    printf("请输入员工姓名:\n");
    scanf("%s",name);
    if(employee)
    {
        salary = getSalary(name);
        printf("%-10s %-10s \n", "姓名","月薪");
        printf("%-10s %-10d \n", name, salary);
    }
    else
    {
        printf("该员工信息不存在!\n");
    }
}
```

8. updateSalary()函数

1) 功能描述

此函数用于与用户交互,输入员工姓名和最新薪资信息,然后保存到数据库中,无参数,无返回值。

2) 函数设计

(1) 函数名：updateSalary。

(2) 函数参数：无。

(3) 返回值类型：无。

(4) 函数原型：void updateSalary()。

3) 函数实现

```c
void adjustSalary()
{
    char name[10];
    Employee * employee;
    int salary;
    printf("请输入员工姓名:\n");
    scanf("%s",name);
    employee = getEmployee(name);
    if(employee)
    {
        printf("调整前的薪水为%d元/月\n", employee->salary);
        printf("请输入调整后的薪水:\n");
        scanf("%d", &salary);
        if(updateSalary(name, salary) == SQLITE_OK)
        {
            printf("薪水调整成功!\n");
        }
        else
        {
            printf("薪水调整失败!\n");
        }
    }
    else
    {
        printf("该员工信息不存在!\n");
    }
}
```

9. main()函数

main()函数是程序的入口，首先初始化数据库，创建表结构，然后循环显示菜单，根据用户选择调用相应的函数，具体代码如下。

```c
#include <stdio.h>
#include <stdlib.h>
#include "menu.h"
#include "dbutil.h"

void main()
{
    int mFlag = 1,mSelect;
```

```c
int subFlag,subSelect;
//初始化数据库
createTable();
//显示菜单
while(mFlag)
{
    printf("\n");
    printf("\n");
    printf("\t\t          企业员工信息管理系统\n\n");
    printf("\t\t          1——管理员\n");
    printf("\t\t          2——员工\n");
    printf("\t\t          0——退出\n");
    printf("\n");
    printf("\n");

    printf("请输入您的选择:   ");
    scanf(" % d",&mSelect);

    switch(mSelect)
    {
        case 1:
            subFlag = 1;
            while(subFlag)
            {
                printf("\n");
                printf("--------------------------------------------------\n");
                printf("\t\t          管理员功能\n\n");
                printf("\t\t          1——员工信息录入\n");
                printf("\t\t          2——打印员工信息\n");
                printf("\t\t          3——查询员工信息\n");
                printf("\t\t          4——删除员工信息\n");
                printf("\t\t          5——员工考勤录入\n");
                printf("\t\t          6——员工考勤查询\n");
                printf("\t\t          7——工资调薪管理\n");
                printf("\t\t          8——员工薪资查询\n");
                printf("\t\t          0——退出\n");
                printf("\n");
                printf("\n");
                printf("请输入您的选择:   ");
                scanf(" % d",&subSelect);
                switch(subSelect)
                {
                    case 1:
                        addEmployee();
                        break;
                    case 2:
                        searchAllEmployee();
                        break;
                    case 3:
```

```c
                    searchEmployee();
                    break;
                case 4:
                    removeEmployee();
                    break;
                case 5:
                    addRecord();
                    break;
                case 6:
                    searchRecord();
                    break;
                case 7:
                    adjustSalary();
                    break;
                case 8:
                    searchSalary();
                    break;
                case 0:
                    subFlag = 0;
            }
        }
        break;
    case 2:
        subFlag = 1;
        while(subFlag)
        {
            printf("\n");
            printf(" -------------------------------------- \n");
            printf("\t\t            员工功能\n\n");
            printf("\t\t            1——薪资查询\n");
            printf("\t\t            2——考勤查询\n");
            printf("\t\t            0——退出\n");
            printf("\n");
            printf("\n");
            printf("请输入您的选择：   ");
            scanf(" % d",&subSelect);
            switch(subSelect)
            {
                case 1:
                    searchSalary();
                    break;
                case 2:
                    searchRecord();
                    break;
                case 0:
                    subFlag = 0;
            }
        }
        break;
```

```
            case 0:mFlag = 0;
        }
    }
}
```

本 章 小 结

　　本章完成了企业员工管理系统的项目开发,包括所有功能开发和界面开发。本章引入了 SQLite 数据库知识点,通过学习在 C 语言中使用 SQLite 数据库存储数据信息的方法,学生进一步掌握了 C 语言的结构体、指针和链表等难点知识和使用技巧。在本章的项目实战过程中,学生开发团队独立完成项目开发的全过程,进一步整合专业知识,融会贯通,提高了自主学习能力和专业能力。同时,增强了模块化编程思维,提高了专业实践能力,以及分析问题、解决问题的能力。在开发过程中,通过校企合作,与企业的交流实践,进一步提高了职业素养和职业精神。

第 9 章　项目测试与部署

"圣人千虑,必有一失;愚者千虑,必有一得。"人无完人,不管多聪明的程序员,都不能保证自己开发的软件没有错误,因此软件测试是必需的。软件测试是指通过寻找错误,并尽可能地为修正错误提供更多的信息,从而保证软件系统的可用性。软件测试以发现 Bug、发现以前没有发现的 Bug 为目的。

随着软件开发领域的扩大,对软件测试人员数量和要求不断提高。据 2022 年统计:华为公司测试与开发人员比例达到 1∶1,微软公司则达到 1∶1.5 以上。前程无忧招聘统计的数据中,软件测试人才缺口已超过 30 万人,接近 40 万人。因此,为 IT 行业培养高质量的软件测试人员非常必要。本章主要对企业员工管理系统的各个模块进行测试,并对项目进行部署。

工作任务

- 任务 9.1　通信录功能测试
- 任务 9.2　考勤管理功能测试
- 任务 9.3　薪资管理功能测试
- 任务 9.4　项目安装部署

学习目标

知识目标

(1) 掌握软件测试的流程。
(2) 掌握测试用例设计的技巧。
(3) 掌握项目部署发布的方法。

能力目标

(1) 能够合理设计测试用例,发现程序设计的漏洞。
(2) 熟练编写测试代码。

素质目标

(1) 培养学生精益求精的专业精神。
(2) 培养学生软件测试的能力。
(3) 培养学生具备良好的沟通交流能力和团队协作精神。

任务9.1　通信录功能测试

任务描述与分析

经过紧张的设计、编码工作,项目组终于完成了员工通信录管理模块的开发任务,实现了对员工通信录条目的增加、删除、修改任务。接下来,要进入软件测试环节,对项目的各个模块进行功能测试,保证系统的准确性。在测试的过程中,尽量找到在程序开发过程中考虑不周、设计不严谨的地方,尽早发现问题,解决问题。

相关知识与技能

9.1.1　测试方法

根据被测对象信息的不同,可以将软件测试方法分为黑盒测试、灰盒测试、白盒测试。其中,主流的测试方法是白盒测试和黑盒测试。白盒测试是指根据被测软件的内部构造设计测试用例,对内部控制流程进行测试。黑盒测试是指把测试对象看成一个黑盒,只考虑其整体特性,不考虑其内部具体实现过程。依据产品的需求规格,设计测试用例,测试每个需求是否实现。

程序员对自己编写的代码进行测试,一般采用白盒测试的方法。通过访问、检查代码的方法来测试。白盒测试分为静态白盒测试和动态白盒测试。

(1) 静态白盒测试:在不执行代码的条件下仔细审查软件设计、体系结构和代码,从而找出软件缺陷。

(2) 动态白盒测试:运行和使用软件对程序进行测试。

9.1.2　测试用例设计

测试用例是为某个特殊目标而编制的测试输入、执行条件以及预期结果,用于核实是否满足某个特定软件需求。按照一定的测试原则,设计一组测试,用于测试程序运行的结果是否与预期结果一致。

任务实施

9.1.3　增加员工信息测试

员工信息保存在SQLite数据库的Employee表中,调用函数insertEmployee()即可实现向Employee表插入员工信息。为了测试增加员工信息功能,项目组设计了一组员工信息数据,如表 9-1 所示。运行系统,进行动态的白盒测试。

表 9-1 增加员工信息测试用例

测 试 数 据	预期结果	实 际 结 果	测试结果
id：08071 name：王小飞 sex：男 birthday：2003.12.8 phone：15061563515 address：江阴市锡澄路 168 号 department：计算机科学系 post：214405 salary：3000	成功：1	1	成功
id：08073 name：李丽 sex：女 birthday：2003.12.8 phone：15061563515 address：江阴市锡澄路 168 号 department：计算机科学系 post：214405 salary：8500.9	成功：1	实际运行结果为 1,但是工资只能存放整型数据,工资由 8500.9 变成了 8500	失败

失败的原因如下。

员工信息 Employee 表中的 salary 是 int 类型,测试数据中的 salary 是浮点类型,数据类型不匹配造成添加员工信息失败。考虑到员工工资可能是浮点型的数据,因此将 Employee 结构体的定义做如下更新。

```
struct Employee
{
    int id;
    char name[10];
    char sex[10];
    char birthday[20];
    char phone[20];
    char address[50];
    char department[20];
    char post[10];
    float salary;         /*由原来的 int 型改为 float 型*/
    struct Employee *next;
}Employee;
```

9.1.4 删除员工信息测试

调用函数 deleteEmployee()即可依据员工信息中的姓名,删除员工信息表中的数据。小王设计了两组测试数据(见表 9-2)进行删除员工信息的测试。

表 9-2 删除员工信息测试用例

测试数据	预期结果	实际结果	测试结果
name：王小飞	成功：1	1	成功
name：李小丽	成功：0	0	成功

由于员工李小丽在数据表 Employee 中不存在,因此删除不成功。由于系统没有提示,所以用户不知道为什么删除成功。查看程序中运行代码,发现删除员工信息前没有对员工进行身份验证。

```
void removeEmployee()
{
    char name[10];
    Employee * employee;
    printf("请输入员工姓名:\n");
    scanf("%s",name);
    if(deleteEmployee(name) == SQLITE_OK)
    {
        printf("员工信息删除成功!\n");
    }
    else
    {
        printf("员工信息删除失败!\n");
    }
}
```

修改 removeEmployee() 函数,在删除员工信息前增加对员工姓名合法性的判断。首先判断姓名为李小丽的员工是否在员工信息表中,如果存在则进行删除操作;如果不存在,提示用户姓名为李小丽的员工信息不存在,代码改写如下。

```
void removeEmployee()
{
    char name[10];
    Employee * employee;
    printf("请输入员工姓名:\n");
    scanf("%s",name);
    employee = getEmployee(name);
    if(employee)
    {
        if(deleteEmployee(name) == SQLITE_OK)
        {
            printf("员工信息删除成功!\n");
        }
        else
        {
            printf("员工信息删除失败!\n");
        }
    }
    else
```

```
        {
            printf("该员工信息不存在!\n");
        }
}
```

9.1.5 修改员工信息测试

调用函数 updateEmployee()即可依据员工信息 id 更新相应的员工信息。小王设计了两组测试数据(见表 9-3),进行增加工员信息的测试。

表 9-3 修改员工信息测试用例

测 试 数 据	预期结果	实际结果	测试结果
id：08071 name：王小飞 sex：男 birthday：2003.12.8 更改为 2011.12.8 phone：15061563515 address：江阴市锡澄路 168 号 department：计算机科学系 post: 214405 salary：3000 更改为 5000	成功：1	1	成功
id：08073 name：李丽更改为李小丽 sex：女 birthday：2003.12.8 phone：15061563515 address：江阴市锡澄路 168 号 department：计算机科学系 post：214405 更改为 214400 salary：8500	成功：1	1	成功

9.1.6 查询员工信息测试

调用函数 getAllEmployee()即可查询所有员工的信息。小王设计了两组测试数据(见表 9-4),进行员工信息的查询测试。

表 9-4 查询所有员工信息测试用例

测 试 数 据	预期结果	实际结果	测试结果
员工信息表为空的情况下进行查询	提示没有员工信息	提示"员工信息不存在"	失败
员工信息表中有两条数据	在屏幕上显示员工信息	在屏幕上显示所有员工信息	成功

审查searchAllEmployee()函数,发现head指针为空的情况下,提示信息写错了,修改后的代码如下。

```
void searchAllEmployee()
{
    Employee * head = getAllEmployee();
    Employee * p = head;
    if(head)
    {
        printf("%-10s%-5s%-15s%-15s%-20s%-20s%-10s%-10s\n",
            "姓名","性别","出生年月","手机号码","住址","部门","岗位","月薪");
        while(p!= NULL)
        {
            printf("%-10s%-5s%-15s%-15s%-20s%-20s%-10s%-10d\n",
                p->name,p->sex,p->birthday,p->phone,p->address,p->department,
                p->post,p->salary);
            p = p->next;
        }
    }
    //增加的代码
    else
    {
        printf("没有员工信息!\n");
    }
}
```

调用函数getEmployee()即可根据员工的姓名查询特定员工的信息。项目组设计了两组测试数据(见表9-5)进行员工信息的查询测试。

表9-5 根据姓名查询员工信息测试用例

测试数据	预期结果	实际结果	测试结果
name:王小飞	成功:1	1	成功
name:李丽	失败:0	0	成功

姓名为王小飞的员工信息在员工信息表中,因此,成功查找到王小飞的相应信息;而姓名为李丽的员工信息不存在,查询没有结果。

任务9.2 考勤管理功能测试

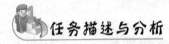
任务描述与分析

企业员工的考勤信息存储在Record表中,为了保证员工考勤功能的完备性与准确性,项目组打算从两个方面对自己编写的代码进行测试。一方面,自己仔细检查代码;另一方面,设计一些测试数据对员工考勤功能进行测试。

9.2.1 员工考勤测试

员工考勤信息保存在 Record 表中,员工上班、下班的打卡其实就是向 Record 表中插入数据,插入成功返回 1,否则返回 0。项目组设计了两组测试数据(见表 9-6)进行员工信息的查询测试。

表 9-6 员工考勤测试用例

测 试 数 据	预期结果	实际结果	测试结果
id:8071 userid:201 name:王小丽 date[20]:2022-10-12 07:50:55	成功:1	1	成功
id:80719 userid:201 name:王小飞 date[20]:2022-10-12 07:50:55	成功:0	1	失败

失败的原因如下。

员工王小飞的信息没有在 Employee 表中,预期结果返回 0,即插入失败,但是实际却插入成功了。应该在考勤前,判断对员工身份合法性的判断。对 addRecord()函数进行修改,判断 employee 指针是否为空,当指针不为空时,才可以插入考勤信息,否则提示"该员工信息不存在",代码修改如下。

```
void addRecord()
{
    time_t tnow;
    struct tm * ptime;
    char date[20],name[10];
    Employee * employee;
    Record * record;
    printf("请输入员工姓名:\n");
    scanf("%s",name);
    //增加的代码
    employee = getEmployee(name);
    if(employee)
    {
        //获取当前系统时间
        tnow = time(0);
        ptime = localtime(&tnow);
        sprintf(date,"%4d-%02d-%02d",ptime->tm_year + 1900, ptime->tm_mon + 1,
        ptime->tm_mday);
```

```
        //今日打卡信息
        record = getRecordByDate(employee->name,date);
        if(record)
        {
            printf("该员工今日已打卡,不要重复打卡!\n");
        }
        else
        {
            Record record = {0};
            record.userid = employee->id;
            strcpy(record.name,employee->name);
            strcpy(record.date,date);
            if(insertRecord(&record) == SQLITE_OK)
            {
                printf("打卡成功!\n");
            }
            else
            {
                printf("打卡失败!\n");
            }
        }
    }
    else
    {
        printf("该员工信息不存在!\n");
    }
}
```

9.2.2 查询考勤信息测试

要查询公司某员工的所有考勤信息,既可以依据员工的姓名进行查询,也可以按照员工的姓名和日期进行查询,查询成功返回值是指向 Record 结构体的指针,失败则为空。查询考勤信息测试用例如表 9-7 所示。

表 9-7 查询考勤信息测试用例

测试数据	预期结果	实际结果	测试结果
name:王小丽	输出员工姓名和打卡日期	输出员工姓名和打卡日期	成功
name:王小飞	输出"打卡信息不存在"	没有提示信息	失败

审查 searchRecord()函数,发现代码中缺少判断 head 是否为空的语句,将代码修改如下。

```
void searchRecord()
{
    //select substr(date,6,2) from record
```

```
char name[10];
Record * head, * p;
printf("请输入员工姓名:\n");
scanf("%s",name);
head = getRecord(name);
p = head;
if(head)
{
    printf("%-10s %-20s\n","姓名","打卡日期");
    while(p!= NULL)
    {
        printf("%-10s %-20s\n", p->name,p->date);
        p = p->next;
    }
}
//增加的代码
else
{
    printf("打卡信息不存在!\n");
}
}
```

任务9.3 薪资管理功能测试

任务描述与分析

员工的薪资保存在 SQLite 数据库的 Employee 表中,因此,薪资管理的相关操作其实就是对 Employee 表的读/写操作。需要对薪资进行查询、修改等操作。

9.3.1 查询薪资测试

依据员工的信息,查询员工薪资的信息,返回值是薪资,整型值。项目组设计了两组测试数据(见表9-8)对员工信息进行查询测试。

表9-8 查询薪资测试用例

测试数据	预期结果	实际结果	测试结果
name:王小丽	5000	5000	成功
name:王小飞	8000	8000	成功
name:李强	输出"该员工不存在"	没有提示信息	失败

审查 searchSalary()函数,发现函数中缺少对员工身份的核对代码,在函数中增加一个分支,修改后的代码如下。

```c
void searchSalary()
{
    char name[10];
    Employee * employee;
    printf("请输入员工姓名:\n");
    scanf("%s",name);
    employee = getEmployee(name);
    if(employee)
    {
        printf("%-10s %-10s \n", "姓名","月薪");
        printf("%-10s %-10d \n", employee->name,employee->salary);
    }
    //增加的代码
    else
    {
        printf("该员工信息不存在!\n");
    }
}
```

9.3.2 修改薪资测试

输入员工的姓名和工资,就可以将指定员工的工资改为设置的值,更新成功返回1,否则返回0。项目组设计了两组测试数据(见表9-9)对员工信息进行查询测试。

表9-9 修改薪资测试用例

测试数据	预期结果	实际结果	测试结果
name:王小丽 salary:8000	1	1	成功
name:王小飞 salary:7500	1	1	成功

以上用例的测试均成功。

任务9.4 项目安装部署

任务描述与分析

经过两个多月的设计与开发,项目功能模块已经全部完成。接下来要对软件进行部署,把开发好的软件交付给用户,以供用户正常使用。

第 9 章 项目测试与部署

由于该项目会使用用到扩展名为.dll 的动态连接库文件，因此在发布前首先要对项目进行设置，在"项目属性"→"高级"→"MFC 的使用"界面中选择"在静态库中使用 MFC"，如图 9-1 所示，这样编译出来的.exe 文件才会运行正常。

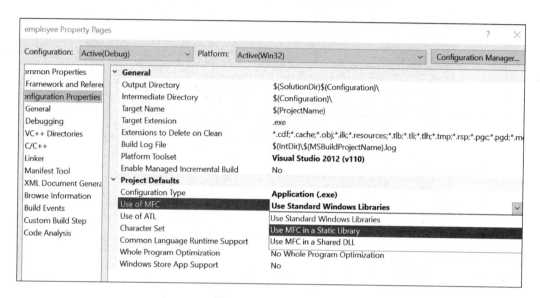

图 9-1　项目属性设置

使用 C 语言开发的控制台程序，经过编译后会在项目文件夹中的 Debug 文件夹中生成一个 employee.exe 文件，如图 9-2 所示。

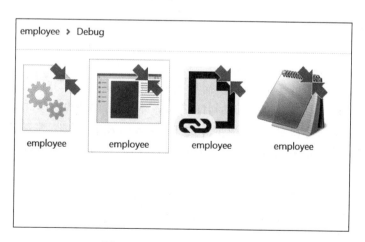

图 9-2　Bebug 文件夹中的文件

将 employee.exe 文件复制给用户，即使用户的计算机上没有安装开发环境，通过双击 employee.exe 文件，就可以运行该系统，完成员工信息管理功能，如图 9-3 所示。

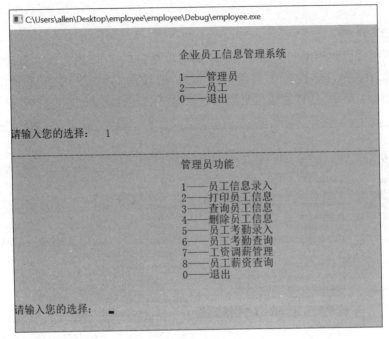

图 9-3　项目运行界面

本 章 小 结

本章主要对企业员工管理系统的各个功能模块进行测试，从而保障系统能够正确运行。程序开发过程中，程序员除了完成程序的设计与编码之外，还需要了解白盒测试的原理，并构造相应的测试数据对程序进行测试。软件测试的成效很大程度上依赖于测试用例的设计。在测试过程中不仅要设计正常的数据，也要适当设计异常的数据，对程序进行测试，从而保证代码的完备性与准确性。

查询员工的考勤信息是必要功能，而员工考勤信息量比较大，因此，在测试中不仅要关注查询的准确性，更应该考虑查询的时间效率。测试用例的设计要考虑到边界值等异常值。员工的薪资保存在 SQLite 数据库的 Employee 表中，因此，薪资管理的相关操作其实就是对 Employee 表的读/写操作。可以通过查询、修改等操作对员工薪资管理进行功能测试。

将项目打包交付给用户，以供用户使用，预示项目开发基本完成。接下来的工作是后期的运营维护。在项目打包部署的过程中注意对项目属性的设置，以便于项目所依赖的.dll 文件也能被正常加载。

通过本章的学习，学生可以充分了解软件测试的相关知识点，并培养软件测试能力和动手实践能力，提高专业技能和职业素养。

附录 A ASCII 表

ASCII 值	字符	ASCII 值	字符	ASCII 值	字符	ASCII 值	字符
000	NUL	032	(space)	064	@	096	`
001	SOH	033	!	065	A	097	a
002	STX	034	"	066	B	098	b
003	ETX	035	#	067	C	099	c
004	EOT	036	$	068	D	100	d
005	END	037	%	069	E	101	e
006	ACK	038	&	070	F	102	f
007	BEL	039	'	071	G	103	g
008	BS	040	(	072	H	104	h
009	HT	041	)	073	I	105	i
010	LF	042	*	074	J	106	j
011	VT	043	+	075	K	107	k
012	FF	044	,	076	L	108	l
013	CR	045	-	077	M	109	m
014	SO	046	.	078	N	110	n
015	SI	047	/	079	O	111	o
016	DLE	048	0	080	P	112	p
017	DC1	049	1	081	Q	113	q
018	DC2	050	2	082	R	114	r
019	DC3	051	3	083	S	115	s
020	DC4	052	4	084	T	116	t
021	NAK	053	5	085	U	117	u
022	SYN	054	6	086	V	118	v
023	ETB	055	7	087	W	119	w
024	CAN	056	8	088	X	120	x
025	EM	057	9	089	Y	121	y
026	SUB	058	:	090	Z	122	z
027	ESC	059	;	091	[	123	{
028	FS	060	<	092	\	124	|
029	GS	061	=	093	]	125	}
030	RS	062	>	094	^	126	~
031	US	063	?	095	_		

附录 B 运算符和结合性

优先级	运 算 符	名　　称	要求运算对象的个数	结合方向
1	() [] -> .	圆括号 下标运算符 指向结构体成员运算符 取结构体成员运算符		自左至右
2	! ~ ++ -- - (类型) * & sizeof	逻辑非运算符 按位取反运算符 自增运算符 自减运算符 负号运算符 类型转换运算符 指针运算符 取地址运算符 长度运算符	1 (单目运算符)	自右至左
3	* / %	乘法运算符 除法运算符 求余运算符	2 (双目运算符)	自左至右
4	+ -	加法运算符 减法运算符	2 (双目运算符)	自左至右
5	<< >>	左移运算符 右移运算符	2 (双目运算符)	自左至右
6	< <= >> =	关系运算符	2 (双目运算符)	自左至右
7	== !=	等于运算符 不等于运算符	2 (双目运算符)	自左至右
8	&	按位与运算符	2 (双目运算符)	自左至右
9	^	按位异或运算符	2 (双目运算符)	自左至右
10	|	按位或运算符	2 (双目运算符)	自左至右
11	&&	逻辑与运算符	2 (双目运算符)	自左至右
12	||	逻辑或运算符	2 (双目运算符)	自左至右
13	? :	条件运算符	3 (三目运算符)	自右至左

续表

优先级	运算符	名称	要求运算对象的个数	结合方向
14	= += -= *= /= %= >>= <<= &= ∧= |=	赋值运算符	2 （双目运算符）	自右至左
15	,	逗号运算符（顺序求值运算符）		自左至右

说明：

(1) 同一优先级的运算符，运算次序由结合方向决定。例如 * 与 / 具有相同的优先级别，其结合方向为自左至右，因此 3*5/4 的运算次序是先乘后除。一和++为同一优先级，结合方向为自右至左，因此-i++相当于-(i++)。

(2) 不同的运算符要求有不同的运算对象个数，如+（加）和-（减）为双目运算符，要求在运算符两侧各有一个运算对象（如 3+5、8-3 等）。而++和-（负号）运算符是单目运算符，只能在运算符的一侧出现一个运算对象（如-a、i++、--i、(float) i、sizeof (int)、*p 等）。条件运算符是 C 语言中唯一的一个三目运算符，如 x? a: b。

(3) 从表中可以大致归纳出各类运算符的优先级如下（依次降低）。

初等运算符()[] -> ·

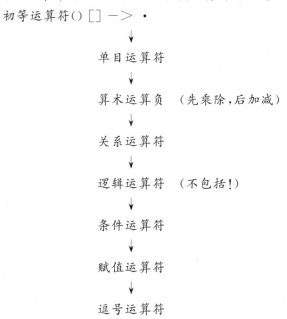

以上的优先级别由上到下递减。初等运算符优先级最高，逗号运算符优先级最低。位运算符的优先级比较分散，有的在算术运算符之前（如~），有的在关系运算符之前（如<<和>>），有的在关系运算符之后（如&、∧、|）。为了方便记忆，使用位运算符时可加上括号。

附录 C C 库 函 数

库函数并不是 C 语言的一部分，它是由人们根据需要编制并提供用户使用的。每一种 C 编译系统都提供了一批库函数，不同的编译系统所提供的库函数的数量、函数名以及函数功能是不完全相同的。ANSI C 标准提出了一批建议提供的标准库函数，包括了目前多数 C 编译系统提供的库函数，但也有一些是某些 C 编译系统未曾实现的。考虑到通用性，本书列出 ANSI C 标准建议提供的、常用的部分库函数。对多数 C 编译系统，可以使用这些函数的绝大部分。由于 C 库函数的种类和数目很多（例如，还有屏幕和图形函数、时间和日期函数、与系统有关的函数等，每一类函数又包括各种功能的函数）。限于篇幅，本附录不能全部介绍，只从教学需要的角度列出最基本的。读者在编制 C 程序时可能要用到更多的函数，请查阅所用系统的手册。

1. 数学函数

使用数学函数时，应该在该源文件中使用 #include <math.h> 或 #include "math.h" 语句。

函数名	函数原型	功 能	返回值	说 明
abs	int abs (int x);	求整数 x 的绝对值	计算结果	
acos	double acos (double x);	计算 $\cos^{-1}x$ 的值	计算结果	$-1 \leqslant x \leqslant 1$
asin	double asin (double x);	计算 $\sin^{-1}x$ 的值	计算结果	$-1 \leqslant x \leqslant 1$
atan	double atan (double x);	计算 $\tan^{-1}x$ 的值	计算结果	
atan2	double atan2 (double x, double y);	计算 $\tan^{-1}x/y$ 的值	计算结果	
cos	double cos (double x);	计算 $\cos x$ 的值	计算结果	x 的单位为弧度
cosh	double cosh (double x);	计算 x 的双曲余弦 $\cosh x$ 的值	计算结果	
sin	double sin (double x);	计算 $\sin x$ 的值	计算结果	x 的单位为弧度
sinh	double sinh (double x);	计算 x 的双曲正弦函数 $\sinh x$ 的值	计算结果	
tan	double tan (double x);	计算 $\tan x$ 的值	计算结果	x 的单位为弧度
tanh	double tanh (double x);	计算 x 的双曲正切函数 $\tanh x$ 的值	计算结果	

续表

函数名	函数原型	功能	返回值	说明
exp	double exp (double x);	求 e^x 的值	计算结果	
fabs	double fabs (double x);	求 x 的绝对值	计算结果	
floor	double floor (double x);	求出不大于 x 的最大整数	该整数的双精度实数	
fmod	double fmod (double x, double y);	求整除 x/y 的余数	返回余数的双精度数	
frexp	double frexp(double val, int * eptr);	把双精度数 val 分解为数字部分(尾数)x 和以 2 为底的指数 n，即 val $= x \cdot 2^n$，n 存放在 eptr 指向的单元中	返回数字部分 x $0.5 \leqslant x < 1$	
log	double log (double x);	求 $\log_e x$，即 $\ln x$	计算结果	
log10	double log10 (double x);	求 $\log_{10} x$	计算结果	
modf	double modf(double val, int * iptr);	把双精度数 val 分解为整数部分和小数部分，把整数部分存在 iptr 指向的单元	val 的小数部分	
pow	double pow (double x, double y);	计算 x^y 的值	计算结果	
rand	int rand (void);	产生 $-90 \sim 32767$ 的随机整数	随机整数	
sqrt	double sqrt (double x);	计算 $\sqrt{x}$	计算结果	$x \geqslant 0$

2. 字符函数和字符串函数

ANSI C 标准要求在使用字符串函数时要包含头文件 string.h，在使用字符函数时要包含头文件 ctype.h。有的 C 编译器不遵循 ANSI C 标准的规定，而用其他名称的头文件，请使用时查有关手册。

函数名	函数原型	功能	返回值	包含文件
isalnum	int isalnum (int ch);	检查 ch 是否是字母或数字	是返回 1；否则返回 0	ctype.h
isalpha	int isalpha (int ch);	检查 ch 是否字母	是返回 1；否则返回 0	ctype.h
iscntrl	int iscntrl (int ch);	检查 ch 是否控制字符(其 ASCII 值为 0~0x1F)	是返回 1；否则返回 0	ctype.h
isdigit	int isdigit (int ch);	检查 ch 是否为数字(0~9)	是返回 1；否则返回 0	ctype.h

续表

函数名	函数原型	功　　能	返回值	包含文件
isgraph	int isgraph (int ch);	检查 ch 是否可打印字符（其 ASCII 值为 ox21～ox7E），不包括空格	是返回 1；否则返回 0	ctype.h
islower	int islower (int ch);	检查 ch 是否小写字母（a～z）	是返回 1；否则返回 0	ctype.h
isprint	int isprint (int ch);	检查 ch 是否可打印字符（包括空格），其 ASCII 值为 ox20～ox7E	是,返回 1；否则返回 0	ctype.h
ispunct	int ispunct (int ch);	检查 ch 是否标点字符（不包括空格），即除字母、数字和空格以外的所有可打印字符	是返回 1；否则返回 0	ctype.h
isspace	int isspace (int ch);	检查 ch 是否空格、制表符或换行符	是返回 1；否则返回 0	ctype.h
isupper	int isupper (int ch);	检查 ch 是否大写字母（A～Z）	是返回 1；否则返回 0	ctype.h
isxdigit	int isxdigit (int ch);	检查 ch 是否一个十六进制数字字符（即 0～9 或 A 到 F 或 a～f）	是返回 1；否则返回 0	ctype.h
strcat	char * strcat (char * str1,char * str2);	把字符串 str2 接到 str1 后面,str1 最后面的\0 被取消	str1	string.h
strchr	char * strchr (char * str,int ch);	找出 str 指向的字符串中第一次出现字符 ch 的位置	返回指向该位置的指针；若找不到,则返回空指针	string.h
strcmp	int strcmp (char * str1, char * str2);	比较两个字符串 str1 和 str2	str1＜str2,返回负数；str1＝str2,返回 0；str1＞str2,返回正数	string.h
strcpy	int strcpy (char * str1, char * str2);	把 str2 指向的字符串复制到 str1 中	返回 str1	string.h
strlen	unsigned int strlen (char * str);	统计字符串 str 中字符的个数(不包括终止符\0)	返回字符个数	string.h
strstr	int strstr (char * str1, char * str2);	找出 str2 字符串在 str1 字符串中第一次出现的位置(不包括 str2 的串结束符)	返回该位置的指针；若找不到,返回空指针	string.h
tolower	int tolower (int ch);	将字母 ch 转换为小写字母	与 ch 对应的小写字母	ctype.h
toupper	int toupper (int ch);	将字母 ch 转换为大写字母	与 ch 对应的大写字母	ctype.h

3. 输入/输出函数

使用以下输入/输出函数前,应使用♯include<stdio.h>把 stdio.h 头文件包含到源程序文件中。

函数名	函数原型	功 能	返 回 值	说 明
clearerr	void clearerr (FILE * fp);	使 fp 所指文件的错误标志和文件结束标志置 0	无	
close	int close (int fp);	关闭文件	关闭成功返回 0;否则返回－1	非 ANSI 标准
creat	int creat (char * filename, int mode);	以 mode 指定的方式建立文件	成功返回正数;否则返回－1	非 ANSI 标准
eof	Int eof (int fd);	检查文件是否结束	遇文件结束标志(EOF)返回 1;否则返回 0	非 ANSI 标准
fclose	int fclose (FILE * fp);	关闭 fp 所指的文件,释放文件缓冲区	出错返回非 0;否则返回 0	
feof	int feof (FILE * fp);	检查文件是否结束	遇文件结束标志(EOF)返回非 0;否则返回 0	
fgetc	int fgetc (FILE * fp);	从 fp 所指的文件中读取下一个字符	返回所得到的字符;若读入出错,返回 EOF	
fgets	char * fgets (char * buf, int n, FILE * fp);	从 fp 所指的文件中读取一个长度为(n－1)的字符串,存入起始地址为 buf 的空间	返回 buf;若遇文件结束或出错返回 NULL	
fopen	FILE * fopen (char * format, args, …);	以 mode 指定的方式打开名为 filename 的文件	成功返回一个文件指针(文件信息区的起始地址);否则返回 0	
fprintf	int fprintf (FILE * fp, char * format, args, …);	把 args 的值以 format 指定的格式输出到 fp 所指的文件中	实际输出的字符数	
fputc	int fputc (char ch, FILE * fp);	将字符 ch 输出到 fp 所指的文件中	成功返回该字符;否则返回非 0	
fputs	int fputs (char * str, FILE * fp);	将 str 所指的字符串输出到 fp 所指的文件中	成功返回 0;若出错返回非 0	
fread	int fread (char * pt, unsigned size, unsigned n, FILE * fp);	从 fp 所指的文件中读取长度为 size 的 n 个数据项,存到 pt 所指的内存区	返回所读的数据项个数;若遇文件结束或出错返回－1	

续表

函数名	函数原型	功 能	返回值	说 明
fscanf	int fscanf（FILE * fp, char format, args,…）;	从 fp 所指的文件中按 format 给定的格式将输入数据送到 args 所指的内存单元(args 是指针)	已输入的数据个数	
fseek	int fseek（FILE * fp, long offset, int base）;	将 fp 所指的文件的位置指针移到以 base 所给出的位置为基准、以 offset 为位移量的位置	返回当前位置；若出错返回－1	
ftell	long ftell（FILE * fp）;	返回 fp 所指的文件中的读/写位置	返回 fp 所指的文件中的读/写位置	
fwrite	int fwrite（char * ptr, unsigned size, unsigned n, FILE * fp）;	把 ptr 所指的 n * size 个字节输出到 fp 所指的文件中	写到 fp 文件中的数据项的个数	
getc	int getc（FILE * fp）;	从 fp 所指的文件中读入一个字符	返回所读的字符；若文件结束或出错返回－1	
getchar	int getchar（void）;	从标准输入设备读取下一个字符	所读字符；若文件结束或出错返回－1	
getw	int getw（FILE * fp）;	从 fp 所指的文件中读取下一个字(整数)	输入的整数；若文件结束或出错；返回－1	非 ANSI C 标准函数
open	int open（char * filename, int mode）;	以 mode 指定的方式打开已存在的名为 filename 的文件	返回文件号(正数)；若打开失败返回－1	非 ANSI C 标准函数
printf	int printf（char * format, args,…）;	按 format 所指的格式字符串所规定的格式,将输出列表 args 的值输出到标准输出设备	输出字符的个数；若出错返回负数	format 可以是一个字符串,或字符数组的真实地址
putc	int putc（int ch, FILE * fp）;	把一个字符 ch 输出到 fp 所指的文件中	输出的字符 ch；若出错返回－1	
putchar	int putchar（char ch）;	把字符 ch 输出到标准输出设备	输出的字符 ch；若出错返回－1	
puts	int puts（char * str）;	把 str 指向的字符串输出到标准输出设备,将\0 转换为回车换行	返回换行符,若失败返回－1	
putw	int putw（int w, FILE * fp）;	将一个整数 w(即一个字)写到 fp 所指的文件中	返回输出的整数；若出错返回－1	非 ANSI C 标准函数

续表

函数名	函数原型	功 能	返回值	说 明
read	int read（int fd，char * buf，unsigned count）；	从文件号 fd 所指的文件中读 count 个字节到由 buf 所指的缓冲区中	返回真正读入的字节个数；若遇文件结束返回 0，出错返回-1	非 ANSI C 标准函数
rename	int rename（char * oldname，char * newname）；	把由 oldname 所指的文件名改为由 newname 所指的文件名	成功返回 0；出错返回-1	
rewind	void rewind（FILE * fp）；	将 fp 所指的文件中的位置指针置于文件开头位置，并清除文件结束标志和错误标志	无	
scanf	int scanf（char * format，args，…）；	从标准输入设备按 format 所指的格式字符串所规定的格式，输入数据给 args 所指的单元	读入并赋给 args 的数据个数；若遇文件结束返回-1，出错返回 0	args 为指针
write	int write（int fd，char * buf，unsigned count）；	从 buf 所指的缓冲区输出 count 个字符到 fd 所指的文件中	返回实际输出的字节数；若出错返回-1	非 ANSI C 标准函数

4. 动态存储分配函数

ANSI C 标准建议设置 4 个有关的动态存储分配的函数，即 calloc( )、malloc( )、free( )、realloc( )。实际上，许多 C 编译系统实现时，往往增加了一些其他函数。ANSI C 标准建议在 stdlib.h 头文件中包含有关的信息，但许多 C 编译器要求用 malloc.h 而不是 stdlib.h。读者在使用时应查阅有关手册。

ANSI C 标准要求动态分配系统返回 void 指针。void 指针具有一般性，它可以指向任何类型的数据。但目前有的 C 编译器所提供的这类函数返回 char 指针。无论以上两种情况的哪一种，都需要用强制类型转换的方法把 void 或 char 指针转换成所需的类型。

函数名	函数原型	功 能	返回值
calloc	void * calloc（unsigned n，unsign size）；	分配 n 个数据项的内存连续空间，每个数据项的大小为 size	分配内存单元的起始地址；若不成功返回 0
free	void free（void * p）；	释放 p 所指的内存区	无
malloc	void * malloc（unsigned size）；	分配 size 字节的存储区	所分配的内存区起始地址；若内存不够返回 0
realloc	void * realloc（void * p，unsigned size）；	将 p 所指的已分配内存区的大小改为 size，size 可以比原来分配的空间大或小	返回指向该内存区的指针

附录 D 全国计算机等级考试二级 C 语言程序设计考试大纲(2022 年版)

基本要求

1. 熟悉 Visual C++集成开发环境。
2. 掌握结构化程序设计的方法,具有良好的程序设计风格。
3. 掌握程序设计中简单的数据结构和算法并能阅读简单的程序。
4. 在 Visual C++集成环境下,能够编写简单的 C 程序,并具有基本的纠错和调试程序的能力。

考试内容

一、C 语言程序的结构

1. 程序的构成,main()函数和其他函数。
2. 头文件,数据说明,函数的开始和结束标志以及程序中的注释。
3. 源程序的书写格式。
4. C 语言的风格。

二、数据类型及其运算

1. C 的数据类型(基本类型,构造类型,指针类型,无值类型)及其定义方法。
2. C 运算符的种类、运算优先级和结合性。
3. 不同类型数据间的转换与运算。
4. C 表达式类型(赋值表达式,算术表达式,关系表达式,逻辑表达式,条件表达式,逗号表达式)和求值规则。

三、基本语句

1. 表达式语句,空语句,复合语句。
2. 输入输出函数的调用,正确输入数据并正确设计输出格式。

四、选择结构程序设计

1. 用 if 语句实现选择结构。
2. 用 switch 语句实现多分支选择结构。
3. 选择结构的嵌套。

五、循环结构程序设计

1. for 循环结构。
2. while 和 do-while 循环结构。
3. continue 语句和 break 语句。

4. 循环的嵌套。

六、数组的定义和引用

1. 一维数组和二维数组的定义,初始化和数组元素的引用。

2. 字符串与字符数组。

七、函数

1. 库函数的正确调用。

2. 函数的定义方法。

3. 函数的类型和返回值。

4. 形式参数与实际参数,参数值的传递。

5. 函数的正确调用,嵌套调用,递归调用。

6. 局部变量和全局变量。

7. 变量的存储类别(自动,静态,寄存器,外部),变量的作用域和生存期。

八、编译预处理

1. 宏定义和调用(不带参数的宏,带参数的宏)。

2. 文件包含处理。

九、指针

1. 地址与指针变量的概念,地址运算符与间址运算符。

2. 一维、二维数组和字符串的地址以及指向变量、数组、字符串、函数、结构体的指针变量的定义。通过指针引用以上各类型数据。

3. 用指针作函数参数。

4. 返回地址值的函数。

5. 指针数组,指向指针的指针。

十、结构体(即"结构")与共同体(即"联合")

1. 用 typedef 说明一个新类型。

2. 结构体和共用体类型数据的定义和成员的引用。

3. 通过结构体构成链表,单向链表的建立,节点数据的输出、删除与插入。

十一、位运算

1. 位运算符的含义和使用。

2. 简单的位运算。

十二、文件操作

只要求缓冲文件系统(即高级磁盘 I/O 系统),对非标准缓冲文件系统(即低级磁盘 I/O 系统)不要求。

1. 文件类型指针(FILE 类型指针)。

2. 文件的打开与关闭(fopen,fclose)。

3. 文件的读写(fputc,fgetc,fputs,fgets,fread,fwrite,fprintf,fscanf 函数的应用),文件的定位(rewind,fseek 函数的应用)。

考试方式

上机考试,考试时长 120 分钟,满分 100 分。

1. 题型及分值

单项选择题 40 分(含公共基础知识部分 10 分)。

操作题 60 分(包括程序填空题、程序修改题及程序设计题)。

2. 考试环境

操作系统:中文版 Windows 7。

开发环境:Microsoft Visual C++ 2010 学习版。

参 考 文 献

[1] 谭浩强.C语言程序设计[M].2版.北京:清华大学出版社,2008.
[2] 王彩霞,任岚.C语言程序设计项目化教程[M].北京:清华大学出版社,2012.
[3] 李学刚,杨丹,张静,等.C语言程序设计[M].北京:高等教育出版社,2013.
[4] Ian Sommerville.软件工程(英文版)[M].6版.北京:机械工业出版社,2003.
[5] 齐志昌,谭庆平,宁洪.软件工程[M].3版.北京:高等教育出版社,2012.
[6] 屠莉,周建林,刘萍,等.C语言程序设计项目化教程[M].北京:清华大学出版社,2017.

参考文献